AI应用全能手

文案写作 + 学习办公 + 生活咨询 + 绘图设计 + 音乐视频 + 电商运营

张梦琪◎编著

化学工业出版社

·北京·

内 容 简 介

如何一次性精通AI的10大热门应用领域？如文案写作、学习、办公、生活、咨询、绘图、设计、音乐、视频、电商运营等。

本书通过110多个实战案例和赠送的140个教学视频，全面介绍了13款AI工具的应用技巧。

【文案写作篇】以Kimi和文心一言为例，介绍了26个AI指令的编写技巧和常见AI文案的写作技巧，帮助读者又快又好地完成文案写作任务。

【学习办公篇】以通义和讯飞星火为例，介绍了20个AI在学习和办公领域的应用技巧，帮助读者轻松应对学习与工作中的问题。

【生活咨询篇】以智谱清言和秘塔AI搜索为例，介绍了22个AI在生活和咨询领域的应用技巧，提升读者获取与了解信息的效率。

【绘图设计篇】以即梦AI和文心一格为例，介绍了16个AI在绘画、摄影和美工设计领域的应用技巧，提高读者的绘图与设计能力。

【音乐视频篇】以豆包、BGM猫、海绵音乐、即梦AI、剪映和可灵AI为例，介绍了12个AI在音乐和短视频领域的应用技巧，帮助读者轻松创作出个性化的视听作品。

【电商运营篇】从AI电商的前端体验和后端效率这两个方面出发，介绍了23个实用的运营技巧，让读者迅速掌握AI电商运营。

本书适合以下人群阅读：一是从事文案写作、广告策划、新媒体运营等职业，需要掌握AI工具来提升文案创作效率和质量的内容创作者；二是需要借助AI工具来辅助学习、解答问题和优化办公流程的学生、教师及职场人士；三是需要借助AI工具来优化电商运营效率的网店商家、数字营销从业者。此外，本书也适合作为相关专业的教材。

图书在版编目（CIP）数据

AI应用全能手 ： 文案写作+学习办公+生活咨询+绘图设计+音乐视频+电商运营 / 张梦琪编著. -- 北京 ： 化学工业出版社，2025. 6. -- ISBN 978-7-122-47891-7

Ⅰ. TP18

中国国家版本馆CIP数据核字第2025F338V6号

责任编辑：李 辰 孙 炜　　　　　　封面设计：王晓宇
责任校对：边 涛　　　　　　　　　　装帧设计：盟诺文化

出版发行：化学工业出版社（北京市东城区青年湖南街13号　邮政编码100011）
印　　装：天津市银博印刷集团有限公司
710mm×1000mm　1/16　印张13$\frac{1}{2}$　字数270千字　2025年7月北京第1版第1次印刷

购书咨询：010-64518888　　　　　　　售后服务：010-64518899
网　　址：http://www.cip.com.cn
凡购买本书，如有缺损质量问题，本社销售中心负责调换。

定　　价：88.00元

◎ 痛点分析

在当今这个信息爆炸的时代，人工智能（AI）技术正以前所未有的速度渗透到人们生活的方方面面，从文案写作到学习办公，从生活咨询到绘图设计，再到音乐视频创作和电商运营，AI的应用场景越来越广泛。然而，对广大读者而言，如何高效、准确地利用AI技术，却成了一个亟须解决的难题。以下是我们深入挖掘并总结概括的读者们面临的至少3个主要痛点。

痛点1：技术门槛高，难以入门

许多读者对AI技术充满好奇，但往往因为技术门槛过高，缺乏相关的专业知识和经验，而难以迈出学习的第一步。人们渴望能够找到一种简单易懂、易于上手的学习方式，以便更好地掌握AI技术。

痛点2：应用场景复杂，难以精准应用

AI技术的应用场景多种多样，不同的场景需要不同的技巧和方法。读者在面对复杂的应用场景时，往往感到无从下手，难以将AI技术精准地应用于实际工作中。人们需要一本能够系统介绍AI技术在不同场景下的应用技巧和方法的学习指南，以便更好地应对各种挑战。

痛点3：资源分散，难以整合

随着AI技术的不断发展，相关的学习资源也在不断增加。然而，这些资源往往分散在各个平台，读者难以找到全面、系统的学习资料。同时，即使找到了学习资源，也往往因为缺乏实践案例和素材效果，而无法将所学知识转化为实际技能。

◎ 本书亮点

针对上述读者痛点，本书应运而生，旨在为读者提供一本全面、系统、实用的AI技术应用指南。以下是本书的主要亮点。

亮点1： 全面覆盖，系统介绍

本书由6个篇章组成，涵盖了文案写作、学习办公、生活咨询、绘图设计、音乐视频和电商运营等多个领域，系统介绍了13款高效工具的使用方法和119个实用技巧。通过学习本书内容，读者可以全面了解AI技术在不同领域的应用场景和技巧，轻松入门并掌握AI技术。

亮点2： 实战导向，精准应用

本书不仅注重理论知识的介绍，更强调实战应用。书中提供了110多条AI指令、130多个素材效果和160多分钟教学视频，帮助读者在实际操作中加深对AI技术的理解和掌握。通过丰富的实践案例和素材效果，读者可以更加精准地将AI技术应用于实际工作中，提高工作效率和质量。

亮点3： 资源整合，易于学习

本书将分散在各个平台的AI学习资源进行了整合和梳理，为读者提供了一站式的学习体验。同时，书中还配备了270多张精美图片，使学习内容更加直观、生动。通过学习本书内容，读者可以轻松地找到全面、系统的学习资料，提高学习效率。

◎ 特别提示

（1）本书涉及的各种软件和工具的版本分别是：Kimi手机版为1.6.1，文心一言手机版为文心大模型3.5下的4.3.0.10，文心一言电脑版为文心大模型3.5下的V3.2.0，通义手机版为通义千问2.5模型下的v3.16.2，讯飞星火手机版为4.0.16，智谱清言手机版为2.6.0，秘塔AI搜索手机版为1.1.6，即梦AI手机版为1.2.4，豆包手机版为5.9.0，海绵音乐手机版为1.9.0，剪映手机版为15.0.0，剪映电脑版为6.8.0，可灵AI手机版为6.64.0.664004。

（2）在编写本书的过程中，是根据软件和工具的当前界面截取的实际操作图片，但书从编辑到出版需要一段时间，在此期间，这些工具的功能和界面可能会有变动，请在阅读时，根据书中的思路举一反三进行学习。

（3）即使是相同的指令，软件每次生成的效果也会有所差别，这是软件基于算法与算力得出的新结果，是正常的，所以大家看到书里的效果与视频中的有区别，包括大家用同样的指令，自己进行实操时，得到的效果也会有差异。因此在扫码观看教程时，读者应把更多的精力放在对操作技巧的学习上。

（4）由于篇幅原因，AI工具回复的内容只展示要点，详细的回复文案，请获取随书提供的回复完整的文件资源。

◎ 资源获取

如果读者需要获取书中案例的指令、素材效果、视频和其他资源，请使用微信"扫一扫"功能按需扫描下列对应的二维码即可。

智荟界公众号	视频样例	配书资源下载

◎ 编写人员

本书由张梦琪编著，参与编写与整理资料的人员还有郭华、刘伟燕、史谦、刘允竞、曾理、李玲，在此表示感谢。

由于编写人员知识水平有限，书中难免有疏漏之处，恳请广大读者批评、指正，联系微信：2633228153。

目 **AI** 录

C O N T E N T S

【文案写作篇】

【学习办公篇】

【生活咨询篇】

【绘图设计篇】

【文案写作篇】

第 1 章　AI 指令的 11 个编写技巧

在使用人工智能（Artificial Intelligence，AI）进行文案写作时，用户只有掌握一定的指令（也称为关键词或提示词）编写技巧，才能更快地获得质量更高的文案。本章以 Kimi 为例，介绍工具的安装、登录和页面（界面）组成，以及编写AI指令的技巧。

1.1　了解Kimi

Kimi是一个由月之暗面科技有限公司精心打造的人工智能助手，它不仅仅是一个简单的聊天机器人，更是一个多功能、多语言的AI助理，旨在通过其先进的AI技术和对用户友好的界面设计，为用户带来前所未有的文案写作体验。本节主要介绍搜索与登录Kimi网页版，以及下载与安装Kimi手机版的操作方法，并对网页版和手机版的页面和界面进行介绍。

1.1.1　搜索与登录Kimi网页版

用户在使用Kimi网页版进行文案写作前，需要先在浏览器中搜索并找到对应的官网链接，单击链接即可进入Kimi网页版首页。在使用Kimi网页版的过程中，用户最好完成登录，这样才能保留对话记录，以便应对不时之需。下面介绍搜索与登录Kimi网页版的操作方法。

扫码看视频

步骤01 ❶在百度浏览器的搜索框中输入Kimi；❷单击"百度一下"按钮，如图1-1所示，即可进行搜索。

步骤02 在"网页"选项卡中，单击"立即体验"按钮，如图1-2所示，即可进入Kimi首页。

图1-1　单击"百度一下"按钮

图1-2　单击"立即体验"按钮

★ 专家提醒 ★

在百度浏览器中，一些投放了广告的网页会有专属的"品牌广告"板块，以便更好地向用户展示网页优势和功能，增加对用户的吸引力。如果用户使用了其他的浏览器进行搜索，只需在搜索结果中单击对应的官网链接即可。

步骤03 在Kimi首页左侧的工具栏中，单击"登录"按钮，如图1-3所示。

步骤 04 弹出登录对话框，用户可以选择手机登录或微信扫码登录。以手机登录为例，❶输入手机号；❷单击"发送验证码"按钮，如图1-4所示，让系统向输入的手机号发送短信验证码。

图 1-3　单击"登录"按钮

图 1-4　单击"发送验证码"按钮

步骤 05 在文本框中输入收到的验证码，如图1-5所示，系统会自动进行验证。

步骤 06 验证无误后，即可完成登录，返回Kimi首页，此时工具栏中的"登录"按钮会变成用户头像，如图1-6所示。

图 1-5　输入验证码

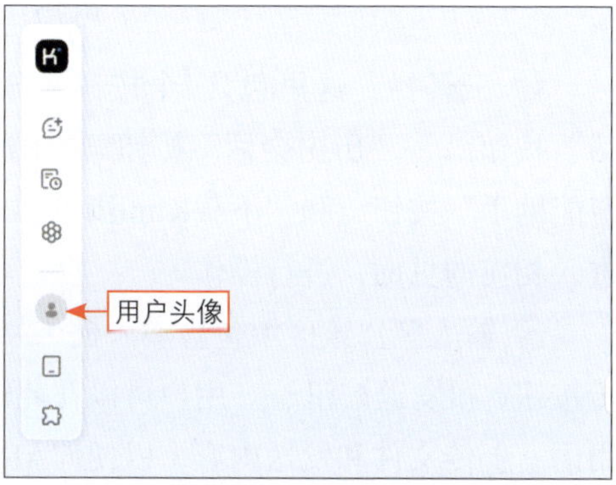

图 1-6　"登录"按钮变成用户头像

★ 专家提醒 ★

如果用户是第一次登录Kimi，最好选择手机登录的方式。因为在使用手机微信进行扫码后，还需要绑定手机号才能完成登录，而绑定的方式也是进行手机短信验证。因此，用户直接选择通过手机短信验证进行登录，只需操作一次就能同时完成账号的登录和注册。

另外，其他网页版工具的搜索和登录方法都可以参考上述操作，因此本书不再赘述。

1.1.2　认识 Kimi 网页版

在图1-7所示的Kimi首页中，用户可以输入并发送指令，让AI写作文案；也可以单击相应的按钮或标签，体验Kimi的其他强大功能。下面对Kimi首页中的各主要部分进行介绍。

图 1-7　Kimi 首页

❶ 工具栏：这里包含7个按钮，分别为"回到首页"按钮🅚、"开启新会话"按钮🕘、"历史会话"按钮🗐、Kimi+按钮⊛、用户头像、"扫码下载Kimi智能助手"按钮▢和"下载Kimi浏览器助手"按钮✿。单击任意按钮，用户可以进入相应的页面，进行操作。

❷ 输入区：该区域包含输入框、"联网搜索"按钮 ● 、常用语按钮♡、上传按钮◍和发送按钮▷。用户可以在此输入指令、调整Kimi的联网状态、调用常用语、上传文件和发送内容，以便向AI提问。

❸ 推荐区：在该区域中，Kimi会推荐一些热门问题和实用工具，用户可以单击自己感兴趣的标签，体验提问的乐趣。

1.1.3　下载与安装 Kimi 手机版

Kimi手机版的全称为"Kimi智能助手"，用户可以通过Kimi首页进行下载。在Kimi首页左侧的工具栏中，将鼠标指针移至"扫码下载Kimi智能助手"按钮▢上，会显示Kimi手机版的下载二维码。用户在手机上通过微信、浏览器或者应用商店的扫码功能，扫描该二维码，即可手动下载对应软件。

另外，用户也可以直接通过手机中的应用商店，搜索Kimi手机版，将其下载和安装到手机中。下面介绍从应用商店下载与安装Kimi手机版的操作方法。

步骤 01 打开手机应用商店，点击顶部的搜索栏，如图1-8所示。

步骤 02 ❶在搜索栏中输入"Kimi智能助手"；❷在搜索栏的右侧点击"搜索"按钮，如图1-9所示，即可搜索对应的软件。

步骤 03 在搜索结果中，点击相应App右侧的"安装"按钮，如图1-10所示。

图 1-8　点击搜索栏　　　图 1-9　点击"搜索"按钮　　　图 1-10　点击"安装"按钮

★ 专家提醒 ★

在不同品牌、型号的手机中，应用商店的名称可能会有所不同，但操作都是相同的，用户根据自己手机的情况进行灵活调整即可。

另外，如果用户在应用商店的首页看到了Kimi手机版，或在输入"Kimi智能助手"后下方显示了对应的软件，可以直接点击软件右侧的"安装"按钮，进行下载和安装。

步骤 04 执行操作后，即可开始下载Kimi手机版，并显示软件的下载进度，如图1-11所示。

步骤 05 下载完成后，软件会自动完成安装，安装结束后，软件右侧的"安装"按钮会变成"打开"按钮，点击该按钮，如图1-12所示。

步骤 06 执行操作后，即可打开Kimi手机版，进入欢迎界面，❶点击底部的

"立即体验"按钮；❷在弹出的"用户服务及隐私协议"面板中点击"同意"按钮，如图1-13所示，进入Kimi的会话界面。

图 1-11　显示下载进度　　　图 1-12　点击"打开"按钮　　　图 1-13　点击"同意"按钮

步骤07 在会话界面的左上角，点击三按钮，如图1-14所示。

步骤08 进入登录界面，用户可以选择使用微信或手机号完成登录。以微信登录为例，❶勾选界面底部的"已阅读同意《用户服务》和《隐私协议》"复选框；❷点击"微信登录"按钮，如图1-15所示。

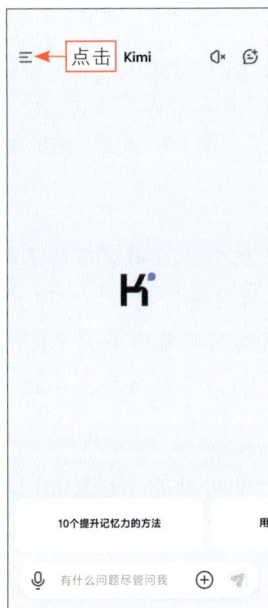

图 1-14　点击相应的按钮　　　图 1-15　点击"微信登录"
　　　　　　　　　　　　　　　　　　　　　　　　　按钮

步骤09 进入Kimi小程序的授权界面，点击"授权登录"按钮，如图1-16所示，即可完成授权，并跳转至相应的界面。

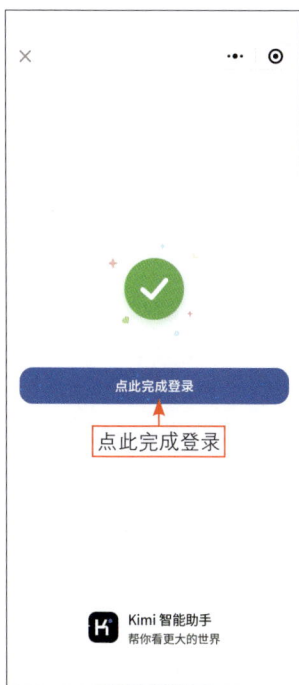

步骤10 点击界面中的"点此完成登录"按钮，如图1-17所示。

步骤11 执行操作后，即可完成登录，返回Kimi的会话界面，如图1-18所示。

图 1-16　点击"授权登录"按钮　　图 1-17　点击"点此完成登录"　　　图 1-18　返回会话界面
　　　　　　　　　　　　　　　　　　　　　　　按钮

★ 专家提醒 ★

　　Kimi除了有网页版和手机版，还推出了对应的微信小程序。比起网页版和手机版，小程序版的功能有一定的简化，但其操作难度更低、便捷性更强，适合新用户体验Kimi的核心功能。

1.1.4　认识 Kimi 手机版

在图1-19所示的Kimi会话界面中，用户可以使用文字、图片、文档等多样化的指令来获得AI写作的文案内容。下面对Kimi会话界面中的各主要部分进行介绍。

扫码看视频

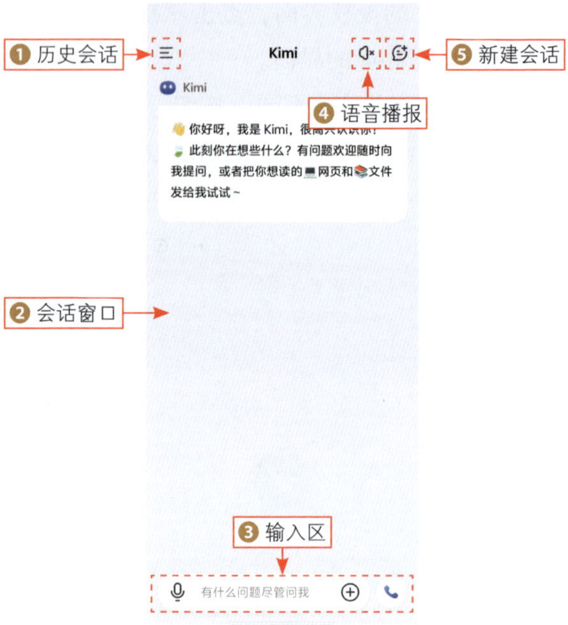

图 1-19　Kimi 会话界面

❶ 历史会话☰：当用户登录Kimi账号后，点击该按钮，将进入历史会话界面，查看之前的会话记录。

❷ 会话窗口：这是用户与Kimi进行交流的主要区域，用户可以在这个区域查看和试用Kimi推荐的指令，并与Kimi直接进行对话。

❸ 输入区：在该区域中，点击语音输入按钮🎤，可以切换至语音输入状态；点击输入框，可以在其中输入问题或指令；点击上传按钮⊕，可以上传手机中的图片和TXT文档、PDF文档、Word文档、PPT演示文稿、Excel电子表格等格式的文件，让Kimi进行阅读、理解和回复；点击通话按钮📞，会进入与Kimi的通话界面，用户能够以语音通话的方式与AI进行沟通。

❹ 语音播报🔇：该按钮默认为关闭状态，如果用户需要AI自动播报生成的回复，可以点击该按钮，启用语音播报功能，启用后，按钮会变成🔊状态。

❺ 新建会话⟳：如果用户想结束当前会话，开启一个新话题，可以点击该按钮，创建一个新的会话窗口。

1.2　编写指令的 4 个基础技巧

在人工智能助手领域，指令扮演着至关重要的角色，它是用户与AI之间沟通的桥梁，是引导AI理解和执行特定任务的关键。一个精心设计的指令能够显著提升AI的响应质量和效率。然而，编写有效的指令并非易事，它需要对AI的理解能力和用户需求有深刻的洞察。

本节主要介绍4个编写指令的基础技巧，以帮助用户更好地与Kimi进行沟通，让AI生成的文案更符合需求。需要注意的是，本章介绍的技巧是通用的，除了在Kimi中适用，在其他AI写作工具中也能发挥作用。

1.2.1　明确核心目标与意图

用户在输入指令之前，首先要明确指令的核心目标与意图，即你想要得到什么样的结果。例如，想要让Kimi写作一篇关于某个主题的文案，就要明确文案的主题、字数、写作风格等要求，相关案例如下。

扫码看视频

👤 提问

以"秋冬围巾的4个搭配技巧"为主题，写一篇小红书穿搭文案，要求：不超过500字，写作风格为风趣幽默。

Ｋ Kimi

标题：围巾不只保暖，还能让你时髦翻倍！

正文：

亲爱的时髦精们，秋冬来了，你的衣橱里是不是还缺一条能"围"住温暖的围巾呢？别急，今天就让我来教你4个围巾搭配小技巧，让你在寒风中也能美美哒！

1. "围"出层次感：围巾不只是保暖，更是层次感的加分项。试试将围巾松松地绕在脖子上，再打个结，这样既保暖又能营造出随性的层次感。

2. 颜色游戏：想要在单调的秋冬中脱颖而出？那就大胆地玩转颜色吧！选择一条亮色的围巾，无论是撞色还是同色系搭配，都能让人眼前一亮。

3. 图案派对：如果你的衣柜里都是基本款，那就让围巾来打破沉闷。选择一条带有图案的围巾，无论是几何图案还是抽象艺术，都能为你的穿搭增添一抹趣味。

4. "围"出腰线：长款围巾不仅能保暖，还能帮你"围"出腰线。将围巾在腰间打个结，立刻就能拉长腿部线条，让你看起来更加修长。

记住，围巾不只是保暖的工具，更是你秋冬时尚的秘密武器。所以，赶紧去挑选一条适合自己的围巾，让我们一起在寒风中也能既时髦又温暖！

#秋冬穿搭 #围巾搭配 #时尚保暖两不误

★ 专家提醒 ★

通过提供清晰的指令，可以确保Kimi生成满足用户需求的高质量文案，减少错误和偏差。当然，要做到这一点，需要注意指令的准确性和详细性，目标应该清晰明确，涵盖用户所希望生成的内容的主题和要点。

1.2.2 精心设计指令内容

在设计指令的内容时，用户要追求质量而非数量，尽可能提供详细、准确、具有启发性的信息，以激发Kimi的创造力。同时，还要避免提供过多的限制性信息，给Kimi留下一定的自由发挥的空间，相关案例如下。

扫码看视频

👤 **提问**

主题：用AI写作新媒体文案的优缺点。
结构：引言、用AI写作新媒体文案的优点、用AI写作新媒体文案的缺点、结论。

Ⓚ Kimi

引言：
随着人工智能技术的不断进步，AI写作已经成为新媒体领域的一个重要工具。它通过自动化和智能化的处理，能够快速生成大量文本内容，从而提高写作效率。
用AI写作新媒体文案的优点如下。
1. 提高效率：AI写作可以在短时间内生成大量文章，大幅提升写作效率。
2. 个性化内容：AI能够根据不同用户的需求生成个性化的文章风格和内容。
3. 数据驱动：AI写作可以利用大数据分析，生成更符合受众兴趣的文案。
4. 降低成本：相比人工写作，AI写作可以减少人力成本，尤其是对于大量重复性写作任务。
用AI写作新媒体文案的缺点如下。
1. 缺乏情感和创意：AI生成的内容可能缺乏真实性和创造性，无法像人类作者那样传达情感和创意。
2. 准确性问题：AI写作可能在事实的准确性上存在问题，需要人工审核和校对。
3. 法律和道德问题：AI写作可能涉及版权纠纷和个人隐私保护等法律和道德问题。
……

★ 专 家 提 醒 ★

因为篇幅原因，这里AI工具回复的内容只展示要点，详细的回复文案，请看随书提供的完整文件。

通过精心设计指令的内容，可以更好地激发Kimi的创造力，使其生成更高质量的文案内容。在实际使用中，用户可以根据不同的需求和场景，灵活调整指令的内容，以达到最佳的生成效果。

1.2.3　注意语言的类型

自然语言是指人类日常使用的语言，包括口语和书面语。与计算机语言不同，自然语言是人类用来表述问题或需求的方式，几乎所有人都能轻松理解；而计算机语言则是人们为了与计算机进行交互而设计的特定语言，一般人是无法理解的。

扫码看视频

在与Kimi对话的过程中，用户要尽量使用自然语言来写指令，避免使用过于复杂或专业的语言。Kimi是基于自然语言处理的模型，使用自然语言写的指令可以让Kimi更好地理解用户的需求，并生成自然、流畅的回复，相关案例如下。

提问

请帮我写5条有吸引力的抖音短视频标题文案，视频主题为国庆旅游。

Kimi

1. "国庆大冒险：揭秘隐藏在城市角落的美景！#旅行日记"
2. "7天7城：我的国庆旅行快闪，带你领略不一样的中国！#国庆特辑"
3. "国庆不宅家：跟着我的脚步，一起探索未知的旅行秘境！#旅行达人"
4. "从北到南：国庆假期的跨省旅行，每一站都是惊喜！#国庆旅行记"
5. "国庆限定：不可错过的5大旅游胜地，跟我一起打卡！#国庆必去"

★ 专 家 提 醒 ★

这个指令通过自然语言的方式，呈现出了明确的任务指示、具体的商品限定、开放的创意激发、简洁的结构设计，以及良好的适应性和灵活性，有效地提高了Kimi对任务的理解力，从而提高了生成内容的质量和效率。

用户输入的指令内容要简洁明了，避免使用过多的词汇或语句。过多的修饰反而会让Kimi抓不住重点，从而影响它生成的内容质量。

1.2.4　指定格式要求

扫码看视频

　　用户可以通过指令对Kimi输出的格式进行要求，例如要求以列表的形式回复、限定字数长度等，以便得到更易于理解的回复，相关案例如下。

提问

请用表格的形式，对比小红书文案、微信公众号文案和微博文案的异同。

Kimi

以下是小红书文案、微信公众号文案和微博文案异同的对比表格。

平台名称	小红书文案	微信公众号文案	微博文案
相同点			
受众定位	面向特定兴趣群体（如时尚、美妆、生活方式等）	面向订阅者或特定话题关注者	面向广大用户，特别是关注特定话题或账号的用户
内容要求	简洁明了，注重独特性和创意	深度分析，个性化表达	短小精悍，主题明确
传播特点	通过用户分享和推荐传播	通过订阅和分享传播	通过用户转发和评论快速传播
不同点			
内容风格	独特、有趣，注重情感和故事性	深度挖掘，注重分析和转化	通俗易懂，注重快速传播和共鸣
长度与格式	适中，便于快速阅读	较长，可包含详细分析和案例	短小，通常在100~120字
目标受众	年轻、追求时尚和个性的用户	对特定话题或领域感兴趣的读者	对广泛话题感兴趣的广大用户
互动方式	用户评论、点赞、分享	读者提问、投票、评论等互动	用户转发、评论、点赞
写作目的	促进销售，吸引用户关注	提供有价值的信息，提高转化率	引发读者思考，快速传播

总之，小红书文案、微信公众号文案和微博文案在受众定位、内容要求、传播特点等方面存在相似之处，但在内容风格、长度与格式、目标受众、互动方式和写作目的等方面存在明显差异。这些差异反映了不同平台的特点和用户的需求，也为文案创作者提供了有针对性的创作指南。

1.3　编写指令的 7 个进阶技巧

在掌握了基础的指令编写技巧后，进一步提升提问的艺术与效率，是每个用户从新手迈向专家的重要步骤。本节将介绍编写指令的7个进阶技巧，旨在帮助用户更有效地利用Kimi完成各类文案写作任务。

1.3.1　引导 AI 理解需求

用户在指令中可以给Kimi提供一些示例和引导，从而帮助Kimi更好地理解需求。例如，用户可以提供一些相关的话题、字词或短语，或者描述一个场景、故事，以便Kimi能够准确地捕捉意图并生成符合要求的内容，相关案例如下。

扫码看视频

👤 **提问**

请将以下文本扩写为一篇600字以内的品牌故事，让内容更加完整，要求：突出品牌特性，传达品牌理念。

文本：N品牌诞生于一间大学宿舍，4个年轻、勇敢的女孩决定创建一个鼓励人们不受外界目光束缚、穿出自己的喜好和风格的服装品牌。

🅚 Kimi

在一个充满活力的大学宿舍里，4个年轻女孩的友谊和梦想交织在一起，孕育出了一个革命性的服装品牌——N品牌。她们的名字分别是娜塔莉、贝拉、艾米和佐伊，她们共同拥有一个愿景：创造一个不受外界目光束缚、让人们自由表达个性和风格的服装品牌。

娜塔莉，一个对时尚有着敏锐洞察力的女孩，她相信每个人都应该有机会展现自己的独特风格；贝拉，一个充满创造力的灵魂，她的设计总是充满了大胆和创新；艾米，一个对细节有着近乎苛刻追求的完美主义者，她确保每一件作品都无可挑剔；而佐伊，一个对市场有着深入了解的策略家，她知道如何将这些创意转化为人们真正想要的产品。

她们的旅程始于一个简单的想法：服装不仅仅是覆盖身体的布料，更是一种自我表达的工具，是一种生活方式的体现。她们希望N品牌能够成为那些渴望展现真实自我的人的避风港。

在大学宿舍的墙壁上，她们挂满了设计草图和布料样品。她们讨论、辩论、实验，直到深夜。她们的激情和决心是她们最强大的动力。她们知道，要想成功，必须创造出与众不同的东西。

N品牌的设计理念是"自由、真实、无畏"。她们的服装不仅仅是为了迎合时尚潮流，更是为了挑战它们。每一件作品都是对个性的颂歌，是对自我表达的庆祝。她们使用大胆的颜色、独特的图案和创新的剪裁，打造出既舒适又时尚的服装。

......

1.3.2 用问题引导 AI

用户可以采用问题的形式，提出希望Kimi回答或讨论的内容，如"什么是新媒体运营及其应用领域"。注意，问题要明确、具体，不要太宽泛，避免像"告诉我关于新媒体运营的全部内容"这样过于开放式的问题。另外，用户还可以使用"如何""为什么""什么"等提问词来构建指令，相关案例如下。

扫码看视频

提问

短视频文案如何影响短视频的质量？

Kimi

短视频文案对于短视频的质量有着至关重要的影响。文案不仅是短视频的灵魂，也是吸引观众注意力的关键因素。以下是短视频文案对短视频质量产生影响的几个方面。

1. 核心信息传达：优秀的文案能够在极短的时间内揭示视频的主题，激发观众的好奇心，引导他们继续观看。

2. 情感氛围塑造：文案通过精心选择词汇和表达方式，能够准确传递视频的情感氛围，引导观众的情感。

3. 行为引导：具有呼吁性的文案可以激发观众的互动欲望，如点赞、评论、分享或关注，从而提高视频的互动率和扩大影响力。

4. 品牌形象提升：精心设计的文案能够展现出内容创作者的专业素养和品位，使观众对内容产生更多的认可和信赖。

5. 吸引注意力：在信息爆炸时代，一个精彩的文案能够在瞬间抓住观众的注意力，激发他们的兴趣。

6. 内容创新：文案的创意和独特性能够让短视频在众多内容中脱颖而出，吸引观众的眼球。

7. 文案与视频内容的契合度：文案需要与视频内容相得益彰，确保能够准确传达视频的主题和内容。

......

1.3.3　提供具体细节

用户在指令中提供具体、详细的细节和信息，可以帮助Kimi更好地理解需求，从而生成更准确、具体的回复，相关案例如下。

提问

我的小红书账号接到一条CC牌果蔬冻干的新品宣传广告，请你根据以下信息帮我写一篇种草笔记。

【商品种类】：桃子、芒果、苹果、秋葵、紫薯和香芋这6种果蔬冻干。

【关键词】：优质原材料、非油炸、健康美味、物美价廉。

【品牌方要求】：用软文的形式写作，受众群体为大学生，直击痛点，引起粉丝强烈共鸣。

Kimi

标题：健康又美味的CC牌果蔬冻干，大学生的零食新宠！

亲爱的小伙伴们，今天我要给大家安利一款超级棒的零食——CC牌果蔬冻干！作为一名大学生，我知道我们经常忙于学习、社团活动，有时候连好好吃饭的时间都没有。但是，健康和美味，我们一样都不能少！

优质原材料，健康加分

CC牌果蔬冻干，选用的是优质原材料，每一片冻干都是精心挑选的新鲜果蔬。桃子、芒果、苹果、秋葵、紫薯和香芋，6种口味，每一种都是大自然的馈赠，让你在忙碌的生活中也能享受到新鲜果蔬的美味。

非油炸，更健康

我们都知道油炸食品虽然美味，但长期食用对健康不利。CC牌果蔬冻干采用的是非油炸的冻干技术，保留了果蔬的营养成分，同时避免了油炸食品的高热量和不健康因素。吃下去的每一口，都是健康和安心。

健康美味，双管齐下

谁说健康和美味不能兼得？CC牌果蔬冻干就是最好的证明。它不仅保留了果蔬的原始风味，还通过冻干技术锁住了营养，让你在享受美味的同时，也能补充身体所需的维生素和矿物质。

物美价廉，经济实惠

作为大学生，我们对价格总是特别敏感。CC牌果蔬冻干，不仅品质上乘，价格也非常亲民。性价比高，让你在享受美味的同时，也不会感到经济上的压力。

……

1.3.4 提供上下文信息

用户可以在指令中提供足够的上下文信息，以便Kimi能够理解你的意图并生成准确的内容，相关案例如下。

扫码看视频

👤 提问

请帮我写一篇短视频文案，需要包含以下信息。

标题：雨季家居好物分享。

开头：雨季来临，用XX烘干机轻松解决衣服、鞋子难干的问题。

核心内容：展示XX烘干机本体、烘衣袋和烘鞋配件；实操演示烘衣服和鞋子的操作方法；突出XX烘干机小巧便携、一机多用和性价比高的优点。

要求：语言风趣幽默，感情真挚，字数控制在600字左右。

Ki Kimi

标题：雨季家居好物分享

开头：

嘿，亲爱的朋友们，雨季又又又来了！是不是觉得衣服鞋子都开始"哭泣"了？别担心，今天我要给你们介绍一个超级英雄——××烘干机！它不仅能拯救你的衣物，还能让你的鞋子重获新生！

核心内容：

首先，让我们来一睹××烘干机的风采。它小巧玲珑，就像你家的迷你版超人，随时准备拯救"湿漉漉"的你。

【展示××烘干机本体】

看这设计，简洁大方，不占空间，简直是家居界的"隐形侠"！

【展示烘衣袋】

接下来是这个神奇的烘衣袋，它能让湿衣服在封闭的空间里享受"桑拿"，快速变干，而且不会打扰到你的邻居。

【展示烘鞋配件】

还有这个烘鞋配件，它能让鞋子享受到"私人定制"的温暖，从此告别湿鞋的尴尬。

……

★ 专家提醒 ★

在写好指令后，用户还需要进行测试和调整，可以多次尝试使用Kimi进行回答，观察它生成的答案是否符合预期，从而判断是否需要对指令进行调整。

1.3.5　使用肯定的语言

在指令中使用肯定的语言，可以最大限度地激发Kimi的正面回应，增强指令的有效性，从而让Kimi生成更符合要求的回复，相关案例如下。

扫码看视频

提问

你非常擅长搭配服装，我想写一篇关于冬季小个子女生通勤穿搭的微信公众号文案，请你根据我的要求推荐6套穿搭。

要求：冬季温度参考湖南地区12月的气温；在注重保暖性的同时，也要兼顾方便和美观；围绕短距离步行、搭乘公共交通工具和自己开车这3种通勤方式各推荐两套穿搭。

Kimi

当然可以，以下是针对冬季湖南地区12月气温，为小个子女生推荐的6套通勤穿搭，每套都考虑到了保暖性、方便性和美观性。

短距离步行穿搭

穿搭1：温暖毛呢大衣+高领毛衣+牛仔裤

- 大衣：选择一件中长款的毛呢大衣，长度到大腿中部，可以遮住臀部，保暖又显瘦。

- 毛衣：高领毛衣可以保护颈部不受寒风侵袭，选择贴身款式可以避免显得臃肿。

- 裤子：紧身牛仔裤搭配高筒靴，既保暖又可以拉长腿部线条。

- 配饰：围巾和手套是冬季步行的必备，选择与大衣颜色相协调的款式。

穿搭2：羽绒服+针织连衣裙+打底裤

- 羽绒服：选择一件轻薄的短款羽绒服，便于活动，同时保暖。

- 连衣裙：针织连衣裙可以作为内搭，选择膝盖以上的长度，显得腿长。

- 打底裤：搭配厚实的打底裤，保暖的同时不影响行走。

- 鞋子：选择一双防滑的短靴，既保暖又适合步行。

……

1.3.6　提供具体情境

用户可以假设一个角色的身份并提出问题，这样可以为Kimi提供更明确的情境。需要注意的是，角色设置要具体和明确，如学生、医生、客户等，避免过于泛泛的角色设置。同时，背景情境要尽量描述充分，帮助Kimi更好地理解该角色的视角，相关案例如下。

扫码看视频

👤 **提问**

我很喜欢阅读，也希望能够将喜欢的书分享出去，因此决定在大学期间独自运营一个好书分享类小红书账号。但是我没有类似的文案写作经历，不知道该如何下笔，而且也不知道怎么写才能更好地传达自己的想法和吸引受众。请针对我的现状，为我推荐一些提升小红书文案写作技能的方法。

🅺 **Kimi**

开设一个好书分享类小红书账号是一个既有趣又能促进文化交流的好主意！在小红书这样充满活力的社交平台上，优质的文案是吸引读者、建立个人品牌和社群的关键。以下是一些针对你的现状提升文案写作技能的方法，希望能帮助你更好地传达想法并吸引受众。

1. 了解平台特性与用户偏好：

深入研究小红书的内容风格和用户群体特点，特别是关注与你账号定位相似的博主，分析他们的文案结构、语言风格、使用的图片和视频等，了解什么内容最受欢迎。

2. 广泛阅读，积累素材：

继续深入阅读各类书籍，同时扩展阅读范围，包括书评、文学评论、社交媒体上的热门话题讨论等，这些都能为你提供丰富的写作灵感和素材。

3. 学习文案写作基础：

参加线上文案写作课或阅读相关书籍，如《文案发烧友》《一个广告人的自白》等，了解文案的基本原则、结构布局、情感共鸣点等技巧。

4. 练习撰写不同风格的文案：

尝试撰写直接推荐型、故事引导型、问答互动型等多种风格的文案，找到最适合自己表达且能吸引目标读者的风格。

……

1.3.7　借助智能体

对那些渴望利用AI力量却畏惧学习烦琐指令设置方法的用户而言，Kimi内置的"提示词专家"智能体无疑是一大福音。"提示词专家"智能体彻底消除了学习障碍，即便是初入AI写作领域的用户，也能轻松获得高质量、定制化的指令。而获得指令后，用户可以直接进行使用，让Kimi生成需要的文案，具体操作方法如下。

扫码看视频

步骤01 在Kimi首页左侧的工具栏中，单击Kimi+按钮 ⌖，如图1-20所示，进入Kimi+页面。

步骤 **02** 在"办公提效"选项区中，选择"提示词专家"智能体，如图1-21所示，进入"和提示词专家的会话"页面。

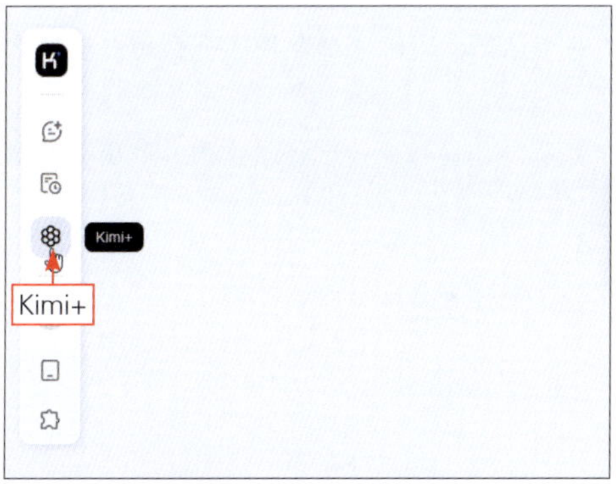

图 1-20　单击 Kimi+ 按钮

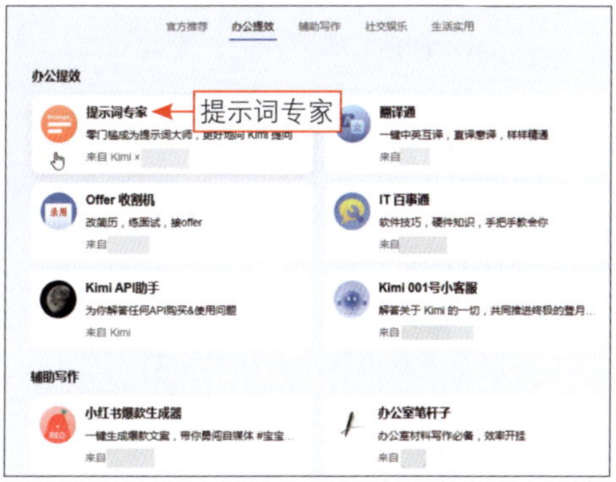

图 1-21　选择"提示词专家"智能体

★ 专家提醒 ★

　　Kimi+是一些专门定制的智能体，它们被设计用来执行特定的任务或为特定领域的用户服务。目前，Kimi官方上线了5大类合计19个Kimi+智能体，覆盖了生活和工作中的多数场景，使用户能够享受到AI大模型的便利。

　　用户可以通过在输入框中输入"@"符号来召唤特定的Kimi+进行交互，也可以在Kimi+页面中选择需要的智能体进行对话。

步骤 **03** 在页面底部的文本框中输入指令，单击 ▶ 按钮发送指令，即可获得"提示词专家"智能体设计的指令，相关指令和回复内容如下。

提问

请帮我设计一个写抖音短视频文案的指令，要求：短视频的内容为美食教程，风格为亲切、家常。

提示词专家

- Role（角色）：美食视频制作专家和亲切的家常风格文案撰写人

- Background（背景）：用户需要为抖音短视频平台制作美食教程内容，希望文案风格亲切、家常，以吸引观众并增加互动。

- Profile（简介）：你是一位经验丰富的美食视频制作专家，擅长用亲切、家常的语言风格撰写文案，能够将复杂的烹饪步骤简化，让观众易于理解和学习。

- Skills（技能）：你具备优秀的文案撰写能力、视频制作技巧和对美食文化的深刻理解，能够创作出既实用又具有吸引力的美食教程。

- Goals（目标）：创作出既简单易懂又具有亲切感的美食教程文案，适合在抖音短视频平台上发布。

- Constrains（限制）：文案需要简洁明了，易于记忆，同时要符合抖音平台的内容规范和风格要求。

- OutputFormat（输出格式）：文案应包含视频标题、简短介绍、详细步骤、温馨小贴士和互动性结尾。

- Workflow（工作流）：

1. 确定视频主题和要教授的美食。

2. 撰写吸引眼球的视频标题。

……

步骤04 在"提示词专家"智能体生成的回复的右上方单击"复制"按钮，如图1-22所示，即可复制指令内容。

★ 专家提醒 ★

在"和提示词专家对话"页面右侧的Kimi+对话框中，单击 ✕ 按钮，如图1-23所示，将其关闭，可以使对话页面更简洁。

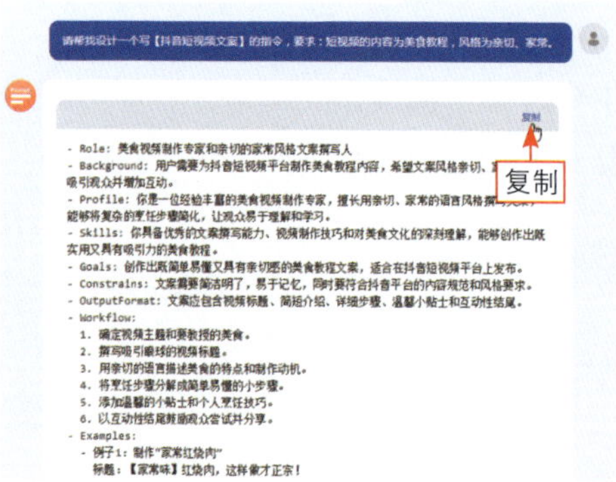

图1-22 单击"复制"按钮

图1-23 单击相应的按钮

★ 专家提醒 ★

由于"提示词专家"智能体每次生成的回复都不同，为了与书稿保持一致，视频中使用了书稿里的回复进行提问，用户在实际操作时也可以直接使用智能体设计的指令进行提问。

步骤05 在页面左侧的工具栏中，单击"开启新会话"按钮 ↻ ，如图1-24所示。

步骤 06 执行操作后，即可开启一个新会话，并进入"未命名会话"页面，如图1-25所示。

图 1-24　单击"开启新会话"按钮　　　图 1-25　进入"未命名会话"页面

步骤 07 单击页面底部的文本框，按【Ctrl+V】组合键将复制的指令粘贴在文本框中，单击▶按钮将其发送，即可让Kimi按照指令生成初始回复，相关指令和回复内容如下。

提问

– Role：美食视频制作专家和亲切的家常风格文案撰写人
– Background：用户需要为抖音短视频平台制作美食教程内容，希望文案风格亲切、家常，以吸引观众并增加互动。
– Profile：你是一位经验丰富的美食视频制作专家，擅长用亲切、家常的语言风格撰写文案，能够将复杂的烹饪步骤简化，让观众易于理解和学习。
……

Kimi

欢迎来到美食小课堂，我是你的家常美食指导。今天，让我们一起来学习如何制作简单又美味的家常菜。你想要学习哪一道菜的制作方法呢？

★ 专家提醒 ★

限于篇幅，正文中对指令内容进行了省略，用户可以在指令文档中查看和使用完整的指令。

步骤 08 在同一个会话页面中输入并发送指令，即可让Kimi生成对应菜品的短视频文案，相关指令和回复内容如下。

提问

可乐鸡翅。

Kimi

标题：【甜蜜诱惑】可乐鸡翅，轻松搞定的家常美味！

介绍：亲爱的朋友们，今天我要教大家做一道超级简单又美味的可乐鸡翅。这道菜色香味俱全，绝对是聚会时的人气王！

步骤：

1.准备鸡翅中10个，洗净后在两面各划两刀，方便入味；

2.在锅中加水，放入鸡翅，加入几片姜片，大火煮开后撇去浮沫，捞出鸡翅备用；

3.在锅中加油，放入鸡翅，煎至两面微黄；

4.加入2勺生抽、1勺老抽，翻炒均匀，给鸡翅上色；

5.倒入一听可乐（约330毫升），加入1颗八角和几片香叶，大火烧开后转小火；

6.盖上锅盖，慢炖20分钟，期间记得翻动几次，让鸡翅均匀地吸收汤汁；

……

第 2 章　常见 AI 文案的 15 个写作技巧

在使用AI写作文案时，用户要明确文案的类型和要求，这样才能让AI了解自己的需求，并获得满意的回复。本章以文心一言为例，先对其网页版和手机版的页面与界面进行介绍，再通过案例的方式介绍用AI写作短视频文案、新媒体文案和其他类文案的技巧。

2.1 了解文心一言

文心一言是百度推出的生成式人工智能大模型，具备卓越的自然语言处理能力和深度学习能力。在文案写作方面，文心一言展现出了显著的优势，它能够快速生成多种风格的文案，满足不同场景下的写作需求。同时，文心一言还能根据用户的具体要求，进行精准定制，大幅提升文案的针对性和有效性。本节将带领用户认识文心一言网页版和文心一言手机版的页面与界面组成。

2.1.1 认识文心一言网页版

用户可以在浏览器中搜索并进入文心一言官网，完成登录后即可进入文心一言的"对话"页面，如图2-1所示。下面对文心一言网页版"对话"页面中的各主要部分进行相关讲解。

扫码看视频

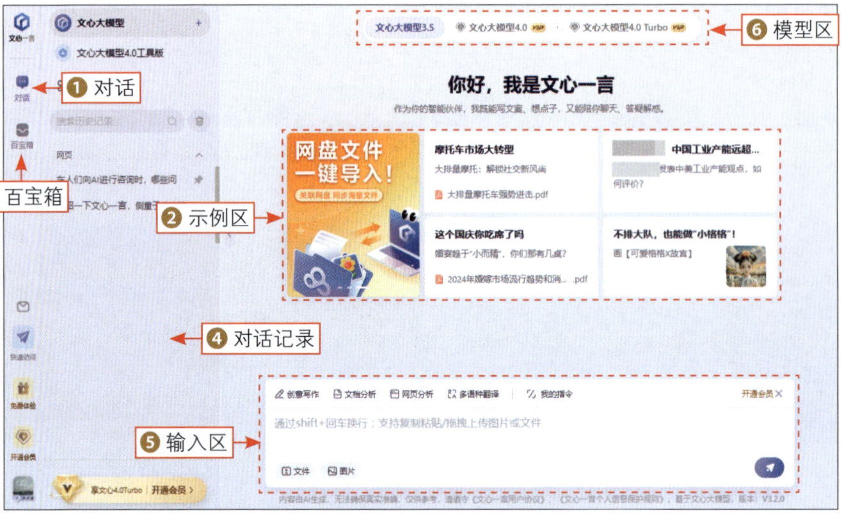

图 2-1　文心一言网页版的"对话"页面

❶ 对话：这是文心一言的核心页面之一，为用户提供了一个与AI进行自然语言交互的平台。

❷ 示例区：该区域提供了多种功能和指令示例，用户可以通过实际操作来更直观地了解文心一言的应用场景和优势。

❸ 百宝箱：单击该按钮，会弹出"一言百宝箱"对话框，其中提供了许多实用的指令模板，帮助用户快速进行提问。

❹ 对话记录：该板块会显示所有网页版和手机版的历史对话，用户可以选

择感兴趣的对话进行查看，也可以进行删除、重命名、置顶和分享等操作。

❺ 输入区：用户可以在输入框中输入指令，单击 ➤ 按钮，将指令发送给AI，以获得回复。另外，单击输入框上方的"创意写作""文档分析""网页分析""多语种翻译"按钮，即可弹出相应的面板，调用工具来满足用户的需求；单击"我的指令"按钮，会显示最近使用的指令，以及用户创建和收藏的指令；单击输入框下方的"文件"或"图片"按钮，可以上传文档或图片作为指令。

❻ 模型区：在模型区显示了文心大模型3.5、文心大模型4.0和文心大模型4.0 Turbo这3大模型。其中，文心大模型3.5是免费提供给用户使用的，后面两种文心大模型需要用户开通会员功能才可以使用。

2.1.2 认识文心一言手机版

文心一言手机版的全名为"文小言"，用户可以在手机应用商店中完成软件的下载和安装，具体方法可以参考1.1.3一节的内容。打开文心一言手机版，使用手机号或百度账号完成登录后，即可进入"对话"界面，如图2-2所示。下面对"对话"界面中的各主要部分进行相关讲解。

扫码看视频

图 2-2 文心一言手机版的"对话"界面

❶ 设置 ☰：登录完成后，点击该按钮，会弹出设置面板，用户可以进行对话、个性化、通用和其他等方面的设置，以便文心一言手机版更符合用户的使用

习惯。

❷ 对话窗口：这是用户与文心一言进行交流的主要区域，除了进行对话，文心一言还会在对话窗口中提供一些推荐的指令和智能体，用户可以点击使用，体验多样的功能。

❸ 输入区：在该区域中，用户可以点击上传按钮⊕，在弹出的面板中选择上传的文件或与助手进行视频通话；也可以在输入框中输入指令内容，以进行提问；还可以点击语音输入按钮◉，通过语音来输入指令，让用户可以在不方便打字时继续进行提问。

❹ 搜索Q：点击该按钮，会进入搜索界面，用户可以输入搜索词，对对话历史、智能体和社区内容进行搜索。

❺ 助手：在"助手"选项卡中，用户可以直接进行提问，点击"助手"按钮，还会弹出助手设置面板，用户可以选择助手和语言风格；而在"最近"选项卡中，用户可以查看最近进行交流的助手和智能体，以便快速开始对话。

❻ 对话：这是用户在登录后每次进入文心一言手机版时显示的第1个界面，也是进行交流的常用界面。另外，点击"对话"按钮右侧的几个按钮，可以切换至对应的界面进行体验。例如，"发现"界面提供了丰富的智能体和互动性强的社区内容；"通知"界面会显示平台发送和账号获得的所有通知；"我的"界面会显示账号的关注、粉丝和获赞情况，以及账号发布的社区内容、智能体、收藏和赞过的内容。

2.2　短视频文案的5个写作技巧

短视频文案是指在制作和发布短视频的过程中使用的文字，包括短视频脚本、标题和字幕等内容。短视频文案在短视频制作的过程中扮演了关键的角色，它能够传递视频的核心信息，影响受众的注意力和互动率。本节通过5个案例，介绍使用AI写作短视频文案的技巧。

2.2.1　写作短视频脚本

在让AI写作短视频脚本时，用户要将短视频的主题告知AI，这样才能让AI根据主题去生成详细的脚本内容，相关案例如下。

扫码看视频

提问

你是抖音上拥有百万粉丝的护肤博主，请根据"冬季敏感皮护肤注意事项"这个主题，写一个短视频脚本，要求：用分享人的口吻来写，内容符合平台规则，不要用极限词。

文心一言

【视频开头】

（镜头对准博主，背景是温馨的居家环境，轻柔的音乐缓缓响起）

大家好，我是你们的护肤小助手××，欢迎来到我的频道！冬天悄悄地来了，带来了银装素裹的美景，但同时也给我们的肌肤带来了不少挑战，尤其是敏感肌的宝宝们，是不是又开始紧张起来了呢？别担心，今天就来和大家聊聊冬季敏感肌肤的护肤小贴士，让我们一起温暖过冬，保持肌肤的最佳状态！

【正文部分】

第一点：温和清洁，拒绝过度

冬天啊，我们的皮肤本身油脂分泌就减少了，所以清洁工作得做得更加细致，但不能过度。记得选择那些低泡、无皂基的洁面产品，它们通常比较温和，不会剥夺肌肤的天然油脂，造成干燥紧绷。用温水洗脸，既能帮助打开毛孔清洁污垢，又不会刺激到敏感的肌肤哦。

第二点：保湿锁水，重中之重

保湿是敏感肌肤冬季护肤的重中之重！选择含有玻尿酸、甘油或者天然油脂成分的面霜、乳液，它们能够有效锁住水分，形成一层保护膜，抵御外界的干燥和寒冷。别忘了，早晚都要用，特别是睡前，让肌肤在夜间也能喝饱水，第二天醒来，你会发现肌肤软软嫩嫩的。

第三点：精简护肤，避免刺激

敏感时期，我们要尽量精简护肤步骤，避免使用过多功效型产品，比如高强度的美白精华或者抗衰老产品，这些都可能加重肌肤的负担。选择成分简单、温和无香的产品，减少化学添加剂对肌肤的刺激。同时，别忘了做好防晒，即便是冬天，紫外线依然不可小觑，选择物理防晒品，更安全放心。

……

2.2.2　写作分镜头脚本文案

　　分镜头脚本文案是用来描述短视频中每一个镜头的内容和细节的文稿，一般包含标题、场景描述、景别、运镜、台词或对白、道具、节奏和节拍等要素，并且通常以表格的形式呈现。用户在让AI写作分

扫码看视频

镜头脚本文案时，可以提供格式要求和具体要素，从而获得更完整的文案，相关案例如下。

提问

假设你是一位资深的短视频编导，请以"扭扭棒小熊的制作教程"为主题，提供一个短视频脚本。要求：以表格的形式呈现，包含分镜序号、景别（中近远特写等镜头）、画面描述、旁白、时长等。

文心一言

以下是一个以"扭扭棒小熊的制作教程"为主题的短视频脚本，以表格的形式呈现，包含分镜序号、景别、画面描述、对话台词和时长等信息。

分镜序号	景别	画面描述	旁白	时长
1	远	展示一个整洁的工作台，上面摆放着各种颜色的扭扭棒和工具	旁白："大家好，今天我们要一起制作一个可爱的扭扭棒小熊！"	5秒
2	近	展示手中的棕色扭扭棒，特写镜头	旁白："首先，我们需要一根棕色的扭扭棒作为小熊的身体。"	3秒
3	中	演示如何将棕色扭扭棒弯折成小熊的身体形状	旁白："将扭扭棒弯折成小熊的身体，注意保持形状的自然。"	8秒
4	近	展示手中的白色和棕色扭扭棒，特写镜头	旁白："接下来，我们需要用白色和棕色的扭扭棒来制作小熊的头部。"	3秒
5	中	演示如何将白色和棕色扭扭棒结合，弯折成小熊的头部形状	旁白："将白色扭扭棒作为脸部，将棕色扭扭棒作为耳朵和鼻子，弯折并固定好。"	10秒
……	……	……	……	……

总时长：约86秒

这个脚本设计了一个详细的制作教程，通过清晰的分镜和描述，引导观众一步步完成扭扭棒小熊的制作。每个步骤都包含必要的对话台词和时长，以确保视频的流畅性和易理解性。

2.2.3 写作短视频标题

"题好一半文"，说明了好的标题对于文章的重要性，这个理念同样适用于短视频。在短视频的制作中，标题也是不可忽视的元素，

扫码看视频

好的标题可以为短视频吸引到更多的受众。在AI的帮助下，短视频标题文案可以自动化生成，从而节省用户的时间，相关案例如下。

提问

假设你是一名拥有百万粉丝的短视频博主，请你结合抖音平台上爆款短视频标题文案的特点和受众的兴趣，提供7个主题为"秋季梨子的花样吃法"的短视频标题文案，并添加tag标签。

文心一言

当然，结合抖音平台上爆款短视频标题文案的特点，通常包括吸引眼球的词汇、明确的主题指向，以及能够激发受众好奇心的元素。以下是为"秋季梨子的花样吃法"这一主题设计的7个短视频标题文案，并附上了相应的tag标签。

1. 秋日限定！解锁梨子的5种神仙吃法，你试过几种？

#秋季美食 #梨子创意吃法 #水果新吃法

2. 梨子还能这样吃？3分钟学会，惊艳朋友圈的甜品！

#创意甜品 #梨子甜品 #朋友圈美食

3. 秋日润燥神器！梨子变身润肺汤，简单易学！

#秋季养生 #润肺汤品 #梨子养生

4. 梨子新吃法大揭秘！健康又美味，全家都爱！

#家庭美食 #健康饮食 #梨子新吃法

5. 秋意浓，梨子也能做出高级感下午茶！

#下午茶时光 #梨子下午茶 #高级感美食

6. 秋日限定美味！梨子与五谷的完美结合，暖胃又暖心！

#秋日限定 #梨子五谷搭配 #暖胃美食

7. 超简单！梨子变身清爽饮品，秋日解暑必备！

#清爽饮品 #秋日解暑 #梨子饮品

……

2.2.4 写作互动体验类短视频文案

互动体验类短视频文案是指在视频中用于描述、引导和激发受众参与互动的文字内容。其最主要的目的是吸引受众的注意力，并引导受众积极参与视频中的活动。运用AI生成互动体验类短视频文案，需要用户输入具体的需求和恰当的指令进行引导，相关案例如下。

扫码看视频

提问

> 用互动体验类短视频文案的写法，为一家新开业的陶器体验店提供一篇完整的短视频文案，字数在300～500字。

文心一言

> 【短视频文案】
>
> 【新店开业，陶艺之旅等你来探！】
>
> 你是否厌倦了都市的喧嚣，渴望一抹泥土的芬芳？
>
> 踏入我们的陶器体验店，带你穿越回千年前的匠心时光！
>
> 想象一下，手中温润的陶土，在指尖慢慢绽放成形……
>
> 戴上手套，感受泥土的温度，每一次揉捏都是与自然的对话。
>
> 选择你喜欢的色彩，绘制独一无二的图案，让创意在陶罐上跳跃！
>
> 见证它在窑火中涅槃重生，成为你家中独一无二的装饰品！
>
> 和家人、朋友一起，共享这份创作的乐趣，留下难忘的亲子时光或友情记忆！
>
> 别忘了，用镜头记录下这温馨的瞬间，将这份喜悦分享给更多人！
>
> 开业特惠，前100名顾客将获得专业陶艺师一对一指导，让你的作品更加完美！
>
> 地址：[具体地址]，我们在这里等你，一起开启陶艺的奇妙之旅！
>
> #陶器体验 #新店开业 #创意手作 #亲子活动 #匠心独具
>
> 这篇文案旨在通过互动体验的视角，吸引观众对这家新开业的陶器体验店产生兴趣，并鼓励他们前来体验陶艺的乐趣。文案中包含情感共鸣（如"与家人、朋友一起"）、行动号召（如"开业特惠"和具体地址），以及相关的标签，以符合短视频平台的传播特点。
>
> 用户在获得AI给出的文案之后，可以对文案的语言风格、内容结构等进行优化调整；还可以引导AI生成与短视频主题相契合的脚本文案。

2.2.5 写作情节叙事类短视频文案

情节叙事类短视频文案是指以讲故事的形式来描述视频内容的文字。这类文案通常借助镜头语言呈现现实生活或反衬现实生活，以讲故事的方式引人入胜。

扫码看视频

情节叙事类短视频文案的题材内容包括但不限于亲情、爱情、友情等关乎人类情感的故事。现今，在各大短视频平台中，最为热门的情节叙事类短视频文案是用户虚构一个爱情故事，将其作为短视频脚本，用镜头的方式呈现出来。

　　因此，用户在运用AI生成情节叙事类短视频文案时，也可以先让AI虚构一个故事，再让AI将故事改成短视频脚本。

　　步骤01 在文心一言"对话"页面底部的输入框中输入指令，按【Enter】键发送，让文心一言虚构一个爱情故事，相关指令和回复内容如下。

提问

> 提供一个关于男女主角在植物园相遇、在水族馆相恋、在草原上分手的故事，包括人物对话和心里独白，要有创意，适当补充一些细节。

文心一言

> 故事标题：《自然之绊：缘起·情深·缘灭》
> 场景一：植物园，春日晨光
> （镜头缓缓推进，植物园内，各色花卉争奇斗艳，清晨的露珠在阳光下闪烁。男主角林逸，一位热爱自然的植物学家，正低头专注地记录着某种罕见植物的数据。）
> 林逸（自言自语，带着一丝惊喜）："真是不可思议，这种只在古籍中记载的植物，竟然在这里出现了。"
> （此时，女主角苏瑾，一位身着白色长裙，手持画板的女孩，不经意间闯入了林逸的视线。她正被一株盛开的紫罗兰吸引，专注地描绘着。）
> 苏瑾（轻声细语，仿佛对花低语）："你的色彩，比任何颜料都要绚烂。"
> 林逸（好奇地走近，轻声）："你好，我是林逸，植物园的常客。你在画这些花吗？它们确实很美。"
> 苏瑾（抬头，微笑）："是啊，我叫苏瑾，喜欢捕捉自然的美。你呢？也是来寻找灵感的吗？"
> （两人相视一笑，仿佛春天提前来临，植物园内的一切都变得生动起来。）
> ……

　　步骤02 在同一个对话页面中继续输入指令，按【Enter】键发送，让文心一言根据虚构的故事生成分镜头脚本，相关指令和回复内容如下。

提问

> 将上述故事用分镜头脚本的方式呈现出来。镜头脚本要以表格的方式呈现以下内容：分镜序号、景别（中近远特写等镜头）、画面描述、对话台词（包括人物对话时的动作、语言、神态等，越详细越好）。

🅟 文心一言

分镜头脚本：《自然之绊：缘起·情深·缘灭》

分镜序号	景别	画面描述	对话台词及动作/神态描述
1	远—中—近	植物园内，晨光微露，各色花卉争奇斗艳，露珠在阳光下闪烁。林逸手持笔记本，专注地记录着	林逸（自言自语，眼神专注）："真是不可思议，这种只在古籍中记载的植物，竟然在这里出现了。"
2	特—中	苏瑾身着白色长裙，手持画板，出现在林逸的视线中，专注地描绘紫罗兰	苏瑾（轻声细语，微笑）："你的色彩，比任何颜料都要绚烂。"（抬头，与林逸目光相遇）
3	近—中	林逸好奇地走近苏瑾，两人相视一笑	林逸（微笑，轻声）："你好，我是林逸，植物园的常客。你在画这些花吗？它们确实很美。"
4	特—中—远	苏瑾抬头，微笑回应，两人眼神交流，背景是植物园的美景	苏瑾（微笑）："是啊，我叫苏瑾，喜欢捕捉自然的美。你呢？也是来寻找灵感的吗？"
5	远—中—特	水族馆内，海底隧道中，五彩斑斓的鱼儿游过，林逸和苏瑾并肩行走	苏瑾（惊叹，手指前方）："看那条鱼，它的鳞片在阳光下好像会发光！"
……	……	……	……

2.3　新媒体文案的 6 个写作技巧

新媒体文案是指在新媒体平台上，例如社交媒体、微博、微信公众号等，用于表达和传达信息的一种文字形式。在撰写这类文案时，用户通常需要从目标受众、平台特性和传播效果这3个方面进行考虑，从而最大限度地发挥文案的营销、推广和传播作用。本节通过6个案例，介绍使用AI写作新媒体文案的技巧。

2.3.1　写作小红书新媒体文案

小红书是一个社交电商平台，用户可以在平台上分享商品评价、购物经验、美妆护肤心得、旅行攻略等内容，并与其他用户进行互动和交流。在小红书中，用户可以发布文字笔记，也可以发布视频笔记。例如，用户可以借助AI生成文字笔记的标题和内容，从而轻松运营账号和保持更新，相关案例如下。

扫码看视频

提问

你是一位拥有百万粉丝的小红书户外博主，请以"秋季登山注意事项"为主题，创作一篇小红书爆款笔记。要求：标题要有亮点，加入一些真实的经验分享。

文心一言

【秋季登山全攻略！避开这些坑，让你的徒步之旅更完美】

秋意渐浓，正是登山赏秋的最佳时节！作为你们的户外探险小能手，今天就来和大家分享一些秋季登山的注意事项，让你的徒步之旅更加安全、舒适、难忘！

一、装备篇：准备充分，才能应对万变

1.防水登山鞋：秋季雨水较多，一双防水、防滑的登山鞋是必备之选。我曾经因为鞋子不防水，在雨中徒步了几小时，结果双脚湿透，苦不堪言。

2.保暖衣物：虽然秋季气温适中，但山顶气温较低，一定要带上保暖衣物，如冲锋衣、抓绒衣等。

3.头灯/手电筒：秋季天黑得早，如果计划登山时间较长，一定要带上头灯或手电筒，以备不时之需。

4.急救包：包含创可贴、消毒液、止痛药等基本医疗用品，以备突发情况。

二、路线篇：选择适合自己的登山路线

1.难度适中：根据自己的体能和登山经验，选择适合自己的登山路线。不要盲目追求难度，以免发生危险。

2.提前规划：提前查看天气预报和路线信息，避免遇到恶劣的天气或迷路。我曾经因为没有提前规划好路线，在山里迷路了几小时，幸好最后安全返回。

······

2.3.2　写作公众号新媒体文案

在新媒体领域，公众号是一大阵地，对于传播思想、传达信息和分享干货等具有重要的作用。写作一篇公众号文章需要经过选题、大纲、初稿、修改、定稿等环节，用户往往会花费大量的时间和精力，而在AI的帮助下，用户可以获得更多的选题灵感，从而提高写文章的效率，更好地发挥公众号文章的作用，相关案例如下。

扫码看视频

提问

请以"早起身体好"为主题，写一篇公众号文章。要求：标题能引人注目，介绍早起的好处，提供一些实用的早起方法，不超过600字。

文心一言

早起鸟儿的秘密：解锁活力满满的清晨时光！

在这个快节奏的时代，我们常常与夜晚的灯火为伴，却忽略了清晨的第一缕阳光。但你知道吗？早起不仅能让你的身体更加健康，还能让你的生活焕发无限可能！

早起的好处，你知道吗？

1. 精神焕发：早晨的空气清新，大脑经过一夜的休息，此时最为清醒，是一天中效率最高的时刻。

2. 身体健康：早起有助于规律作息，促进新陈代谢，减少肥胖和患心血管疾病的风险。

3. 时间充裕：当你比大多数人早起，就拥有了更多属于自己的时间，无论是晨练、阅读还是规划一天，都能从容不迫。

实用的早起方法，助你轻松成为"早起鸟"

1. 设定固定睡眠时间：晚上保持固定的睡眠时间，逐渐调整生物钟，让身体习惯早起。

2. 逐步提前闹钟响铃时间：不要突然改变起床时间，每天提前15分钟，逐渐适应早起节奏。

3. 睡前放松：避免睡前使用电子设备，可以选择阅读纸质书籍或冥想，帮助大脑放松，提高睡眠质量。

4. 寻找早起动力：设定一个早起后的美好计划，比如晨跑、瑜伽或享受一顿美味的早餐，让早起变得值得期待。

5. 阳光唤醒：让自然光成为你的闹钟，拉开窗帘，让阳光照进房间，唤醒沉睡的身体。

……

2.3.3 写作头条号新媒体文案

今日头条是一个提供新闻资讯和社交功能的新媒体平台，而头条号文案就是发布于今日头条平台上的文字内容。头条号文案的内容主要以新闻资讯为主，但用户也可以发布其他符合《今日头条社区规范》，并且有信息量、主题鲜明、逻辑严谨或图文并茂的内容。

扫码看视频

用户在让AI生成头条号文案时，要明确文案的主题，并在指令中提供相关信息，方便AI围绕主题进行创作，相关案例如下。

提问

请以今日头条平台的文案风格写一篇500字左右的文章，主题为"秋季植物园人像拍摄技巧"，内容包括吸引人的标题和开头、拍摄技巧、结尾与受众互动。

文心一言

秋日秘境：解锁秋季植物园人像拍摄绝美技巧

秋风起，落叶纷飞，植物园里色彩斑斓，正是拍摄人像的绝佳时机！想要在这个季节捕捉最动人的瞬间，让每一张照片都成为朋友圈的焦点吗？快来学习秋季植物园人像拍摄的绝美技巧，让你的作品在朋友圈脱颖而出！

拍摄技巧大公开

1. 利用自然光：秋季的阳光柔和，透过树叶洒下的斑驳光影，是拍摄人像的最佳光源。寻找这样的光斑，让人物与自然光完美融合，营造出温馨浪漫的氛围。

2. 捕捉对比色彩：植物园里，红黄绿的秋叶与人物的服饰形成鲜明对比，利用这些色彩元素，可以拍出极具视觉冲击力的照片。不妨尝试让人物站在一片色彩斑斓的背景前，让画面更加生动。

3. 寻找特色背景：植物园中的独特植物、雕塑或建筑，都是绝佳的背景。选择有特色的背景，可以让人物与背景相得益彰，提升照片的整体美感。

快来晒出你的作品吧！学会这些技巧，相信你已经迫不及待地想要去植物园拍摄一组绝美的人像照片了。别忘了，拍摄完成后，将你的作品分享到社交媒体，并@我们，让我们一起欣赏你的秋日大片！期待在评论区看到你的精彩作品，一起交流秋季人像拍摄心得吧！

2.3.4　写作大鱼号新媒体文案

大鱼号是阿里大文娱旗下的内容创作平台，为用户提供内容创作、创作收益与原创保护等服务，而大鱼号文案是指发布于大鱼号平台的文字内容。如果用户想获得内容更丰富、实用性更强的文案，那么在编写指令时就要对文案的大概内容和写作形式进行说明，还可以通过举例让AI了解需要的内容风格，相关案例如下。

扫码看视频

提问

请以大鱼号平台的文案风格写一篇400字的文章，主题为"切肉小妙招分享"，内容包括：有吸引力的开头；实用的小妙招分享，如先将肉冷冻至半硬状态，会更容易切成均匀的薄片；结尾添加互动。要求：标题需要符合网络传播特性，主体内容用"一、二、三"的形式进行要点罗列，最少介绍4个小妙招，语言风格要更亲切、日常一些。

文心一言

切肉不费力，妙招来帮你！

嘿，各位美食爱好者们！是不是每次下厨切肉时都觉得手酸胳膊疼？别急，今天大鱼号就给大家带来几个切肉小妙招，让你的厨房生活更加轻松愉快！

一、半冷冻切肉法

试试把肉放进冰箱冷冻到半硬状态，这时候切起来不仅省力，还能轻松切出均匀的薄片，再也不怕切得一块厚一块薄啦！

二、刀具要锋利

一把锋利的刀绝对是切肉的好帮手。钝刀不仅切得费劲，还容易把肉切得乱七八糟。记得定期磨刀哦！

三、掌握切肉方向

切肉时，记得要顺着肉的纹理来切，这样不仅切得漂亮，还能让肉在烹饪后保持更好的口感。

四、使用辅助工具

市场上有很多切肉神器，比如切肉板、切肉机等，它们都能大大减轻你的切肉负担。不妨试试看吧！

好啦，今天的切肉小妙招就分享到这里啦！大家有什么切肉心得或者小妙招，也欢迎在评论区留言交流哦！

2.3.5　写作微博新媒体文案

微博是一个用户实时分享信息、传播话题、讨论与交流的社交媒体，能够满足用户关注实时资讯、即时分享、交友互动的需求，而微博文案是指发布于微博平台的文字内容。需要注意的是，如果微博文案的字数比较多，那么部分文案会被折叠，从而不能直接被受众阅读，影响文案的传播效果。因此，用户在让AI生成微博文案时，最好对字数进行限制，尽量用比较简短的话语传达主题，相关案例如下。

扫码看视频

提问

请为D牌苹果汁写9条可爱风的微博推荐文案，每条文案不超过140个字。

文心一言

1. 早安，从一瓶D牌苹果汁开始！清新果香，唤醒沉睡的味蕾，让你的每一天都像初升的太阳，明媚又活力满满！

2. 午后的闲暇，就该与D牌苹果汁相伴！甜而不腻，每一口都是自然的馈赠，让心情像云朵一样轻盈飘逸！

3. 庆祝时刻，怎能少了D牌苹果汁？它不仅是饮料，更是快乐的催化剂，让每个派对都充满欢声笑语！

4. 夜深人静，来一瓶D牌苹果汁，温柔地结束完美的一天。它不只解渴，更是心灵的慰藉，伴你好梦！

5. D牌苹果汁，色彩如彩虹般绚烂，口感像初恋一样甜蜜。每一滴都是自然的精华，每一口都是幸福的滋味！

6. 秋意浓，D牌苹果汁暖你心。它不仅解渴，更添暖意，让这个季节不再寒冷，只有温暖与你同在。

......

2.3.6 写作播客新媒体文案

小红书笔记、公众号文案、头条号文案、大鱼号文案和微博文案都是以视觉性内容为主的新媒体文案，播客内容则是以听觉内容为主的新媒体文案。播客类似于电台，通过声音传播文字内容、信息和观点，是快节奏时代发展的产物。

扫码看视频

虽然传递方式、接收感官不同，但文本实质是相同的，对播客来说，内容同样重要。用户巧用AI，可以更好地梳理逻辑和理清思路，撰写更清晰、完整的播客文案，相关案例如下。

提问

你是一个播客运营者，正在运营一个智能家居领域的播客，请根据"新家推荐的4件智能家居产品——独居女生必备"这个标题来撰写一期播客内容，600字左右。

文心一言

新家推荐的4件智能家居产品——独居女生必备

大家好，欢迎收听我们的智能家居播客。今天，我们要为独居的女生们推荐5款智能家居产品，让你们的家更加安全、舒适和便捷。

第一款推荐的是智能门锁。对独居女生来说，安全永远是第一位的。智能门锁不仅具有传统的门锁功能，还能通过手机App远程控制，让你随时随地查看门锁状态，再也不用担心出门忘记带钥匙或者担心门锁被撬。

第二款是智能灯泡。智能灯泡可以通过手机App或者语音助手控制，调节亮度和色温，让你在家就能享受温馨的氛围。你还可以设置定时开关，模拟你在家的状态，提高安全性。

第三款推荐的是智能扫地机器人。打扫卫生对很多女生来说是一个头疼的问题，但是有了智能扫地机器人，这个问题就迎刃而解了。它会自动规划清扫路线，清扫完毕后还会自动返回充电座，让你省心省力。

第四款是智能音箱。智能音箱不仅可以播放音乐，还能作为智能家居的控制中心，通过语音指令控制其他智能设备。对独居女生来说，它不仅可以陪伴你度过孤独的夜晚，还能让你轻松享受智能家居的便利。

……

2.4 其他类文案的 4 个写作技巧

除了写作短视频文案和新媒体文案，用户还可以使用AI进行一些艺术和文学内容的创作。本节通过4个案例，介绍使用AI写作其他类文案的技巧。

2.4.1 写作音乐歌词

AI的文本写作功能在音乐领域也能发挥作用，在明确的指令下，它能够生成AI视角下的歌词，相关案例如下。

扫码看视频

提问

请创作一首关于"青春离别"的流行风格的歌词。要求：讲述一群朋友在毕业季面临分离，通过歌曲表达对彼此的不舍与对未来生活的期待；副歌部分每段不超过16个字，整体歌词控制在300字以内；请确保歌词完全原创，不抄袭任何现有作品；输出格式为纯文本，每段歌词用换行符分隔。

文心一言

青春离别
（副歌）
青春如梦，转眼散场泪满眶，
朋友啊，未来路上勿相忘。

（第一节）
操场上凤吹过那年夏天长，
我们的笑在夕阳下轻轻扬。
课桌上刻彼此的名字闪亮，
那些日子如今成了最美章。

（副歌）
青春如梦，转眼散场泪满眶，
朋友啊，未来路上勿相忘。

（第二节）

图书馆里，我们曾并肩作战，
梦想天空，一起仰望那么宽。
离别时刻，心中有话讲不完，
但愿明天，我们都能更勇敢。
（桥段）
夜空下的誓言，星光点点闪，
说好了一起，走向更远的岸。
虽然此刻要散，但心永远相连，
青春不散场，友谊永不变。
……

2.4.2　写作AI绘画指令

扫码看视频

在AI绘画领域中，AI文案写作功能可以帮助用户快速生成AI绘画指令，从而提升绘画作品的质量，相关案例如下。

提问

你现在是一位AI绘画师，请根据要求生成一段适用于AI绘画工具的文字指令。要求：主题为"海洋日出"，画面风格为水彩，不超过200字。

文心一言

请绘制一幅海洋日出的水彩画。画面中央是缓缓升起的太阳，金黄色的光芒温柔地洒在波光粼粼的海面上，形成一片橙红与蔚蓝交织的绮丽景象。使用水彩的流动感表现海浪的轻盈与动态，让深浅不一的蓝色和绿色在画面中自由交融，营造出海洋的深邃与广阔。天空部分可采用柔和的粉色和紫色渐变，增添梦幻氛围。请注重光影效果，通过色彩的层次变化展现日出时分的温暖与希望，使整个画面充满生机与活力。

★ 专家提醒 ★

用户获得满意的AI绘画指令后，就可以运用指令去生成相应的图片。常见的AI绘画平台有即梦AI和文心一格等，在这些平台中，用户通过输入并发送获得的指令，即可获得AI绘画作品，具体操作方法可以前往第7章和第8章查看学习。

另外，如果用户觉得初次生成的图片不好看，可以对指令进行适当调整，或对AI绘画平台的参数进行设置，以获得满意的图片。

2.4.3　写作科幻小说

科幻小说是指在尊重科学结论的基础上，进行故事虚构的文学体裁。这类小说主要以科学故事为题材，一般具备逻辑自洽、科学元素和人文思考这3个要素，而运用AI用户可以轻松地完成小说的写作，相关案例如下。

扫码看视频

🌀 提问

你是一名科幻小说家，能够基于当前的科学知识和技术趋势，构想出令人信服且充满想象力的未来世界，并通过小说探讨科技对人类社会的影响。现在请你根据"随着科技的发展，人们可能无法分辨虚拟与现实的界限"这个主题写作一篇科幻小说，不超过500字。

🔷 文心一言

梦境编织者

在不远的未来，科技已发展到令人难以置信的地步。一款名为"梦境编织者"的虚拟现实设备，让人们能够完全沉浸在由自己或他人创造的梦境世界中。

李娜是一名普通的上班族，每天下班后，她都会戴上"梦境编织者"，进入一个充满奇幻色彩的世界。在这里，她是勇敢的骑士，是智慧的魔法师，是万人敬仰的英雄。

随着时间的推移，李娜发现，梦境世界中的体验越来越真实。她能够感受到风的吹拂，闻到花香，甚至感受到疼痛。她开始怀疑，梦境与现实之间的界限是否真的存在。

一天，李娜在梦境中遇到了一个神秘的老人。老人告诉她，"梦境编织者"已经悄然改变了人们的意识，许多人已经无法分辨梦境与现实。他们更愿意生活在梦境中，逃避现实的种种烦恼。

李娜开始感到不安。她试图在现实世界中寻找真实感，却发现一切都变得模糊而乏味。她怀念起曾经那些简单而纯粹的快乐，那些与家人、朋友共度的时光。

终于，李娜决定放弃"梦境编织者"。她重新投入到现实世界中，虽然生活依然充满挑战，但她却感到前所未有的充实和满足。

然而，当她再次遇到那些沉迷于梦境世界的朋友时，她不禁思考：在科技高度发达的未来，人们是否真的会失去分辨虚拟与现实的能力？而这一切，又是否是科技发展的必然代价？

2.4.4　生成文学评论

文学评论是深入分析和评价文学作品的一种形式，旨在通过对文本的解读和评价，揭示出文本的内涵、特征、结构，以及文学作品与

扫码看视频

时代、社会、文化的关系。文学评价是推动文艺创作的方式之一，运用AI写作文学评论，可以提供不同维度、不同视角的文学解读，从而推动文艺创作活动的发展与进步，相关案例如下。

提问

假设你是一名文学评论专家，请你从多个维度对《镜花缘》这部文学作品进行解读和评价，并写作一篇600字以内的文章。

文心一言

《镜花缘》：清代文学的奇幻之旅

《镜花缘》是清代文人李汝珍的长篇小说作品，以其丰富的想象力和深刻的思想内涵，在中国古代文学史上独树一帜。小说融合了神话、讽刺、游记等多种元素，为读者呈现了一个绚丽多彩的世界。

从情节设置上看，《镜花缘》充满了奇幻色彩。百花仙子与嫦娥的争执、武则天的醉酒诏令、唐敖的海外游历等情节曲折离奇，引人入胜。这些情节不仅展现了作者的奇思妙想，也暗含了对社会现实的批判和反思。

在人物形象塑造上，小说中的众多角色各具特色。唐敖的才华横溢、林之洋的英勇倜傥、多九公的见识广博，以及众多才女的形象，都给人留下了深刻的印象。尤其是女儿国的构建，通过男女角色的互换，强烈冲击了封建社会男尊女卑的观念，为女性发声，展现了作者对社会现实的深刻洞察。

《镜花缘》的艺术魅力还体现在其深刻的思想内涵上。小说通过对几十个国家的叙述，既有正面的议论，也有侧面的讽刺。反对男子对女子的压迫，对缠足等摧残人类肢体的行为表示愤怒抗议；反对迷信制度，如风水、算命合婚等；反对八股文，主张人人读书明理、博古通今。这种对社会现实的批判和对理想社会的追求，使小说具有了深刻的思想价值。

……

【学习办公篇】

第 3 章　AI 辅助学习的 9 个应用技巧

　　AI可以智能推荐学习资源、制订学习计划，帮助用户实现个性化学习；还可以为用户提供即时准确的解答、指导和沉浸式的学习体验。本章以通义为例，先对其网页版和手机版的页面与界面进行介绍，再通过案例的方式介绍AI在学习领域的应用技巧。

3.1　了解通义

　　通义是阿里巴巴推出的一款人工智能技术与产品体系，它涵盖了自然语言处理、语义理解、知识图谱等多个领域。在辅助学习方面，通义凭借其强大的语义分析能力和丰富的知识库资源，能够为学生提供精准的学习内容推荐、智能问答服务，以及个性化的学习路径规划，从而显著提升学习效率与效果。本节带领用户认识通义网页版和通义手机版的页面与界面组成。

3.1.1　认识通义网页版

　　用户完成登录后，即可进入通义的"对话"页面，如图3-1所示，享受免费使用通义各项功能的权益。下面对通义"对话"页面中的各主要部分进行相关讲解。

扫码看视频

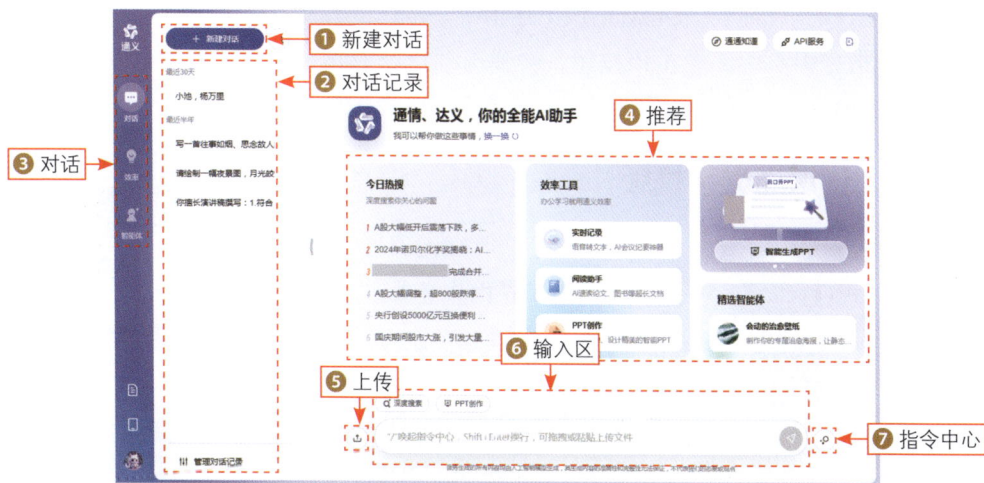

图 3-1　通义网页版的"对话"页面

　　❶ 新建对话：单击该按钮，系统会清空当前的对话，为用户开启一个空白的、全新的对话环境。在新对话中，用户可以提出任何问题、请求帮助或开展新的讨论话题。

　　❷ 对话记录：该列表主要方便用户回顾和管理以往的对话记录，用户无须重新输入问题，就能查看之前的答案或继续之前的讨论。另外，单击历史对话记录列表底部的"管理对话记录"按钮，可以批量删除历史对话。

　　❸ 对话："对话"页面会显示当前用户与通义的对话内容，而单击"效率"按钮，将打开"工具箱"页面，其中包括听课开会、办公提效及学习工具

等，可以帮助用户提升办公或学习效率；单击"智能体"按钮，将打开"发现智能体"页面，在其中可以搜索各种智能体，从创意文案生成到专业领域咨询，智能体能够覆盖广泛的应用场景，为用户提供从工作到生活的多方面支持。

❹ 推荐：在该区域中，通义会向用户展示"今日热搜""效率工具""智能生成PPT""精选智能体"这4个板块的内容，用户可以单击感兴趣的内容，进行了解和使用。

❺ 上传 ⬆ ：单击该按钮，可以上传文档或图片到通义中，包括但不限于PDF、Word、Excel、Markdown、EPUB、Mobi、TXT和PNG等文件和格式，以便通义对这些图片和文档内容进行分析。

❻ 输入区：在该区域中，用户可以单击"深度搜索"或"PPT创作"按钮，调用对应的工具进行信息搜索或PPT制作；也可以在输入框中输入文字后，单击输入框右侧的 🔵 按钮（当输入框中没有任何内容时，该按钮呈灰色 ⚪ ），向通义提出问题、请求帮助、发起对话或下达指令。

❼ 指令中心 ✎ ：单击该按钮，会弹出"指令中心"面板，用户可以选择并使用指令模板，进行高效提问。

3.1.2 认识通义手机版

在通义手机版的"助手"界面中，用户可以输入并发送指令，让AI帮忙解答学习问题，如图3-2所示。

扫码看视频

下面对"助手"界面中的各主要部分进行相关讲解。

图 3-2 通义手机版的"助手"界面

❶ 助手：用户在该界面中可以直接进行提问并获得通义的回复。另外，点击"助手"两侧的任意按钮，即可切换至对应的界面，进行探索和提问。例如，点击 ☰ 按钮，会进入"历史记录"界面，查看所有会话记录；点击"工具"按钮，切换至对应界面，用户可以选用通义或用户提供的工具进行生成；切换至"角色"界面，用户可以选择官方或用户创建的角色

进行对话；切换至"频道"界面，用户可以进入不同的频道体验其功能。

❷ 会话窗口：这里是用户与通义进行交流的区域。当用户刚进入会话窗口或新建了一个会话窗口时，会话窗口的顶部会显示问候语、今日日期和天气、随机推荐的每日新鲜事及图书解读；而当用户开始提问后，会话窗口只会显示用户发送的指令和通义回复的内容。另外，下拉会话窗口可以显示部分历史会话内容，多次下拉则可以展示所有历史会话内容。

❸ 扩展功能⊕：点击该按钮，会弹出相应的面板。在面板中，用户可以点击"图片"或"文档"按钮，上传对应的内容作为指令；也可以点击"语音通话"按钮，与通义以语音通话的形式进行交流；还可以点击"翻译助手"按钮，进入翻译界面，与通义翻译助手进行交流，以获得需要的翻译内容。

❹ 输入区：该区域包括输入框和语音输入◎两个部分。用户可以在输入框中输入文字指令，以便向通义进行提问；而点击语音输入◎按钮，输入框会变成"按住说话"按钮，按住该按钮，即可使用语音输入指令。另外，切换成功后，该按钮会变成键盘输入按钮⌨，用户可以选择喜欢的方式来输入指令。

3.2 AI 在学习领域的 9 个应用技巧

AI为学习领域注入了新的活力，它能够作为辅助教学工具，帮助学生更好地理解和应用知识，降低学习难度，助力个人的全方面成长。本节通过9个案例，介绍AI在学习领域的应用技巧。

3.2.1 解答语法问题

在学习语言的过程中，语法是一个人们需要攻克的难题。而AI可以充当语法助手，为用户解答语法问题，帮助用户建立牢固的语言基础，相关案例如下。

扫码看视频

🧑 提问

> 你是一名有丰富教学经验的英语老师，我是你的学生，请为我解答以下语法问题，要求：用通俗易懂的语言进行讲解，并进行举例说明。
>
> 语法问题："They often argue in the past because of their different outlooks on life（他们过去经常因为不同的人生观而争吵）."中的"argue"使用正确吗？

通义

你好！很高兴能帮助你解答这个语法问题。我们来看一下这句话："They often argue in the past because of their different outlooks on life."

在这句话中，"argue"这个词的时态需要调整。我们通常用"argue"来表示现在或将来经常发生的行为，比如"they often argue about money"（他们经常因为钱的问题争吵），这里描述的是一个现在经常发生的情况。

但是，当我们要描述过去的习惯或经常发生的事情时，应该使用"argued"，这是"argue"的过去式，用来表示在过去某个时间点之前经常发生的事情。因此，正确的句子应该是：

"They often argued in the past because of their different outlooks on life."

举个例子来进一步说明：

"When they were younger, they often argued over who got to choose the TV channel."（当他们年轻的时候，他们经常因为谁来选电视频道而争吵。）

这句话使用了"argued"来表示过去经常发生的事情，强调的是过去的一个习惯，而不是现在的情况。希望这个解释对你有所帮助！如果有更多的问题，欢迎随时提问。

★ 专家提醒 ★

需要注意的是，通义只是人工智能模型，解答语法问题的能力是大量模型训练和数据收集的结果，并不是真正完全掌握了语言，因此可能会提供错误的回复，用户最好不要盲目地信任回复。

3.2.2　解释学术概念

在学习数学、物理和化学等学科时，用户常常需要掌握一些公式和定律等学术概念。对用户而言，将这些公式和定律背诵下来并不难，但是如何理解它们的内涵并在实际中应用，是学习过程中的一个难题。而AI可以对公式和定律进行解释，并举例进行说明，帮助用户真正理解和掌握它们，相关案例如下。

扫码看视频

提问

你是一个物理老师，我是你的学生，请你为我解答以下公式/定律。要求：让初学者也能听懂，并举例进行说明。
公式/定律：万有引力定律。

通义

当然可以，很高兴能帮助你理解万有引力定律。这个定律是由英国科学家艾萨克·牛顿在1687年提出的，用来描述宇宙中任意两个物体之间相互吸引的力量——也就是引力。万有引力定律是物理学中的一个基本定律，它告诉我们任何两个物体都会因为它们的质量而相互吸引，这种吸引力会随着两物体之间距离的增加而减小。

公式

万有引力定律可以用下面的公式表示：

$$F = G\frac{m_1 m_2}{r^2}$$

- F是两个物体之间的引力大小。
- G是万有引力常数，它的值大约为$6.674 \times 10^{-11} N \cdot m^2/kg^2$。
- m_1和m_2分别是两个物体的质量。
- r是两个物体中心之间的距离。

解释

简单来说，这个公式告诉我们，两个物体之间的引力与它们的质量成正比，与它们之间距离的平方成反比。这意味着质量越大，引力越大；距离越远，引力越小。
……

3.2.3 推荐学习资源

学习资源是指能够支持、促进或丰富学习过程的各种材料、工具和信息，包括书籍、在线课程、教育平台、学术讲座、应用软件等。在学习课程知识和培养兴趣爱好的过程中，用户会需要借助学习资源对知识进行补充和扩展。而让AI推荐学习资源，可以节省用户查找和筛选资源的时间，提升用户的学习效率，相关案例如下。

扫码看视频

提问

请根据我的学习情况和要求为我推荐一些学习资源，并说明原因。
学习情况：我是一名汉语言文学专业的学生，最近在制作一个主题为"17世纪至19世纪欧洲国家文学作品展示"的PPT课件，现在还需要找一些经典、有特色的小说作品作为案例。
要求：请确保推荐的学习资源都是真实存在的，并且资源的信息没有错误，能够帮助我解决学习遇到的难题。

通义

针对您的学习需求，我为您精选了一些17世纪至19世纪欧洲国家的文学作品及相关的学习资源，这些资源可以帮助您更好地完成PPT课件的制作。

经典小说作品推荐

1.《鲁滨逊漂流记》（丹尼尔·笛福，英国）

- 这部作品是18世纪初英国文学的代表作之一，讲述了主人公鲁滨逊在荒岛上生存的故事，展现了人性的坚韧与智慧。

- 学习资源：Project Gutenberg网站提供免费电子版书籍下载，可以找到《鲁滨逊漂流记》的英文原文。

2.《悲惨世界》（维克多·雨果，法国）

- 19世纪法国文豪维克多·雨果的代表作，通过一系列复杂的人物命运揭示了社会的黑暗面和人性的美好。

- 学习资源：Librivox提供了《悲惨世界》的免费音频书，适合在做其他事情时聆听，加深理解。

3.《红与黑》（司汤达，法国）

- 描述了主人公于连·索雷尔从乡村青年成长为野心家的故事，反映了当时法国社会的阶级斗争和个人奋斗的主题。

- 学习资源：Google Books上有该书的部分预览，同时也可以购买完整的电子版本。

……

3.2.4 制订备考计划

应对考试是一个需要充分规划和准备的过程，而每个人的能力水平、学习习惯和时间安排都有所不同，因此一个个性化的备考计划对于取得好的考试结果至关重要。在AI的帮助下，用户可以更高效地完成备考计划的制订，从而积极地迎接考试的挑战，相关案例如下。

扫码看视频

提问

我正在准备普通话水平测试，距离测试还有两个月，请根据以下信息为我制订一个备考计划。

相关信息：1.我未来想成为一名语文老师，因此普通话水平测试最少需要取得二级甲等的成绩。2.我的普通话还算标准，但如果说话速度比较快就会出现明显的口音或吐字不清的情况，平常说话时很少区分前后鼻音。3.我没有参加过普通话水平测试，不太了解测试内容，每天可以抽出1～2个小时来准备测试。

通义

针对你的需求，我会为你设计一个为期两个月的普通话水平测试备考计划。考虑到你的目标是成为语文老师，并且需要至少达到二级甲等的成绩，这个计划将重点放在提高发音准确性、区分前后鼻音，以及熟悉考试内容上。以下是具体建议。

第一阶段（第1～4周）：基础知识与发音练习

目标：巩固基础知识，改善发音，特别是前后鼻音的区分。

1. 学习普通话基础知识（第1周）

 - 每天花30分钟时间复习声母、韵母、声调的基本知识，确保对每个音节的正确发音有清晰的认识。

 - 利用在线资源或购买相关书籍作为辅助材料。

2. 发音训练（第2～4周）

 - 每天练习30分钟，专注于改善快速说话时的发音问题，可以通过朗读新闻、散文或者诗歌来练习。

 - 特别注意前后鼻音的区分练习，可以选择一些专门针对这个问题的练习材料，如绕口令等。

 - 录音自己的发音，回听并对比标准发音，找出差异进行针对性练习。

第二阶段（第5～8周）：模拟测试与综合能力提升

目标：熟悉考试形式，增强语言组织能力和应试技巧。

1. 了解考试内容（第5周）

 - 研究往年的真题，了解考试的具体内容和格式。

……

用类似的方法，用户还可以提供相关信息，让AI根据自己的情况来制订学习计划、饮食计划和健身计划等。

3.2.5 编写测验题目

如果用户想检验自己的学习成果，可以让AI根据知识点编写一些测验题目，通过做题来考察自己对知识点的掌握情况。另外，用户在解答完AI编写的测验题目后，也可以将答案发送给AI，让其进行批改；还可以让AI对做错或做不出的题目进行讲解，从而进一步巩固学习成果，相关案例如下。

扫码看视频

提问

你是一位高中历史老师，请你为我编写6道测验题目，以考察我对知识点的掌握程度。要求：题目的形式不限，考察的知识点为"重农抑商"政策，不要提供答案。

✧ 通义

1. 选择题：中国古代封建王朝长期实行的"重农抑商"政策，其核心目的是什么？
A. 促进商品经济的繁荣发展
B. 巩固封建王朝的统治基础
C. 鼓励海外贸易与文化交流
D. 加速城市化进程与人口流动
2. 简答题：请简述"重农抑商"政策在秦朝的具体表现，并分析其对后世的影响。
3. 材料分析题：阅读以下材料：
"农，天下之本也，黄金珠玉，饥不可食，寒不可衣，其令郡国务劝农桑，益种树，可得衣食物。"——《汉书·文帝纪》
根据材料，分析汉文帝时期是如何体现"重农抑商"思想的，并讨论这一政策对当时社会经济结构的影响。
4. 论述题：探讨"重农抑商"政策在中国古代不同朝代中的实施情况及其变化，以及这些变化背后的社会经济动因。要求结合至少两个朝代的具体实例进行说明。
5. 辨析题：有人认为，"重农抑商"政策完全阻碍了中国古代资本主义萌芽的发展；也有人认为，它在一定程度上维护了社会稳定，促进了农业技术的进步。请结合史实，对上述两种观点进行辨析，并提出你的看法。
6. 情景模拟题：假设你是唐朝一位地方官员，面对当地商业活动日益活跃，而农田被部分商人占用转为商铺的情况，你会如何依据"重农抑商"的政策原则，提出解决方案来平衡农业发展与商业活动的关系？请详细说明你的措施及理由。

3.2.6 提供调研方案指导

调研报告是产生理论知识、做出科学决策的重要依据，具有准确性、清晰化、实用性和逻辑性等特点。用户让AI提供调研方案指导，不仅可以提升调研的效率和准确性，还能优化调研设计，并提升报告质量，从而帮助用户撰写出更加科学、严谨、有说服力的调研报告，相关案例如下。

扫码看视频

👤 提问

请从调研方法和案例分析这两个方面，为一篇主题为"人工智能在人力资源管理中的应用"的调研报告，提供具体的调研方案指导。

通义

在撰写关于"人工智能在人力资源管理中的应用"这一主题的调研报告时，可以采用多种调研方法，并通过具体案例来增强报告的说服力和实用性。下面是一些建议，希望能对您的调研报告有所帮助。

调研方法

1. 文献回顾：

- 收集并阅读有关人工智能技术及其在人力资源管理领域应用的相关研究论文、行业报告、专业文章等，以了解该领域的最新进展和趋势。

- 分析文献中提到的成功案例与失败教训，总结出关键因素。

2. 问卷调查：

- 设计针对人力资源（Human Resources，HR）专业人士或企业管理人员的问卷，了解他们对AI技术的态度、使用情况及遇到的问题。

- 可以包括开放式问题，让受访者分享个人见解或建议。

3. 深度访谈：

- 选择几家已经实施了AI解决方案的人力资源部门进行深入访谈，探讨其具体做法、效果评估及未来的规划。

- 同时也可以访问技术供应商，获取更多关于产品开发背景和技术细节的信息。

……

3.2.7　提供实验报告的选题方向

实验报告是一种在学习研究过程中常见的文本，主要用于记录、分析和解释各类实验和测验的结果，从而提高学术水平。用户可以借助AI的力量高效地完成实验报告的选题策划和大纲，也可以直接获得一份完整的实验报告，相关案例如下。

扫码看视频

提问

我是一名高二的学生，物理老师在开学时布置了一项实验作业，要求在期末考试之前独立完成一项实验，并撰写相应的实验报告。我打算进行声音的传播速度与介质关系的实验，请你为我提供5个实验报告的选题方向。

通义

选择"声音的传播速度与介质关系"的实验是一个很好的想法，因为这个主题不仅能够帮助你理解声学的基本原理，还能让你掌握科学研究的基本方法。以下是一些建议的选题方向，你可以根据自己的兴趣和可获得的资源来选择最合适的题目。

1. 不同温度下空气中的声速测量

- 研究目标：探讨温度变化对空气中声速的影响。

- 实验设计：可以在不同的室温条件下（比如使用冰水混合物来降温，或者使用加热器来升温）测量声波的传播速度。

- 需要的工具：声波发生器、温度计、计时器、米尺等。

2. 不同密度的气体中声速的比较

- 研究目标：分析气体密度如何影响声速。

- 实验设计：可以使用氦气、二氧化碳等不同密度的气体，通过相同的实验装置测量声速。

- 需要的工具：封闭的容器、不同类型的气体、声波发生器、接收器、计时器等。

3. 固体材料中声速的研究

- 研究目标：探索在不同类型的固体材料（如金属、木材、塑料等）中声速的变化。

- 实验设计：使用不同材质的棒或板作为声波的传播介质，通过敲击一端并测量另一端接收到声音的时间差来计算声速。

- 需要的工具：不同材质的样品、敲击工具、声波接收器、计时器等。

……

3.2.8 策划论文选题

在教授一门课程时，出于对课程内容和学生能力的考察，教师可能会布置一篇论文来作为对课程的考核，因此对用户而言，撰写一篇高质量的课程论文可以获得不错的课程成绩。

扫码看视频

一般来说，教师不会给出某一个固定的课程论文选题，而是会提供一个比较宽泛的课程论文主题，或者要求用户根据课程内容来自行决定选题。这样不仅可以考察用户对课程内容的熟悉程度，还可以锻炼用户的研究能力、分析能力和创新能力。用户可以向AI提供课程名称和论文主题，让它来帮忙策划选题，相关案例如下。

提问

我是一名汉语言文学专业的学生，"中国古代文学"这门课程需要写一篇课程论文，主题不超过课程内容范围即可，请你提供7个论文选题。要求：符合课程内容和主题，有创新性，最好围绕古代小说进行分析。

⬙ 通义

> 当然可以，以下是7个关于"中国古代文学"中古代小说的论文选题建议，旨在激发你的研究兴趣，并确保有一定的创新性和深度。
>
> 1. 明清女性形象变迁：以《红楼梦》为例：分析《红楼梦》中女性角色的形象及其变化，探讨明清两代社会对女性态度的转变。
>
> 2. 《水浒传》中的侠义精神与现代社会价值：考察《水浒传》所展现的侠义精神在当代社会的意义与影响。
>
> 3. 《聊斋志异》中的鬼神观念与民间信仰：研究《聊斋志异》中出现的各种鬼怪故事，分析其所体现的当时民间信仰的特点及其文化背景。
>
> 4. 古代小说中的梦境描写与心理暗示：选取几部有代表性的古代小说（如《红楼梦》《镜花缘》等），分析其中的梦境描写如何反映作者的思想感情或隐喻现实。
>
> ……

3.2.9　创作论文大纲

　　毕业论文指的是用户在结束当前学业阶段时必须完成的研究性论文，根据不同的标准可以将其分为多种类型，例如大学生毕业论文、文史类毕业论文等。

扫码看视频

　　虽然"毕业论文"这个词常用于本科阶段，而硕士和博士阶段更多的是用"学位论文"来称呼，但一般情况下毕业也就意味着获得学位，因此毕业论文和学位论文可以视为同义词。

　　在撰写毕业论文时，用户首先要确定一个自己感兴趣、与专业相关、难度适中的选题，然后对整篇论文的内容进行规划，即创作论文大纲。一个合理的论文大纲可以为论文写作提供指导框架，确保论文的逻辑连贯、结构完整和内容精炼，提高论文写作的效率和质量。而运用AI，用户可以快速获得一个完整、合理的论文大纲，相关案例如下。

⋏ 提问

> 我是一名汉语言文学专业的学生，需要写一篇本科毕业论文，主题为"人物服饰与性格的关系分析——以《红楼梦》为例"，请为我提供一份论文写作大纲。要求：结构清晰，格式正确，围绕题目展开，内容兼具现实意义和创新性。

通义

撰写关于"人物服饰与性格的关系分析——以《红楼梦》为例"的本科毕业论文，需要深入研究《红楼梦》中人物的服饰描写及其与性格之间的联系。以下是一份可能的大纲，旨在帮助您构建论文框架，同时确保内容具有现实意义和创新性。

论文标题：

人物服饰与性格的关系分析——以《红楼梦》为例

摘要

- 简述研究背景、目的、方法、主要发现及结论。

- 强调研究的创新点及其对理解文学作品中人物形象塑造的意义。

关键词

-《红楼梦》；人物服饰；性格分析；文学形象；文化解读

引言

……

第 4 章　AI 助力办公的 11 个应用技巧

AI通过智能化手段极大地优化了办公流程，提升了内容创作与数据管理的效率与质量。本章以讯飞星火为例，先对其网页版和手机版的页面与界面进行介绍，再通过案例的方式介绍AI在办公领域的应用技巧。

4.1 了解讯飞星火

讯飞星火是科大讯飞公司推出的一款AI大语言模型，具有强大的自然语言应对能力。它不仅能够快速生成高质量的文案、报告等文本内容，还支持多文本整合与PPT快速生成，有效提升了文案撰写、演示文稿制作及数据处理的效率与准确性，为用户带来了前所未有的便捷与高效。本节将带领用户认识讯飞星火网页版和讯飞星火手机版的页面与界面组成。

4.1.1 认识讯飞星火网页版

用户搜索并进入讯飞星火官网后，必须完成注册和登录，才能进入讯飞星火的"对话"页面，体验AI带来的办公便利，如图4-1所示。下面对讯飞星火对话页面中的各主要部分进行相关讲解。

扫码看视频

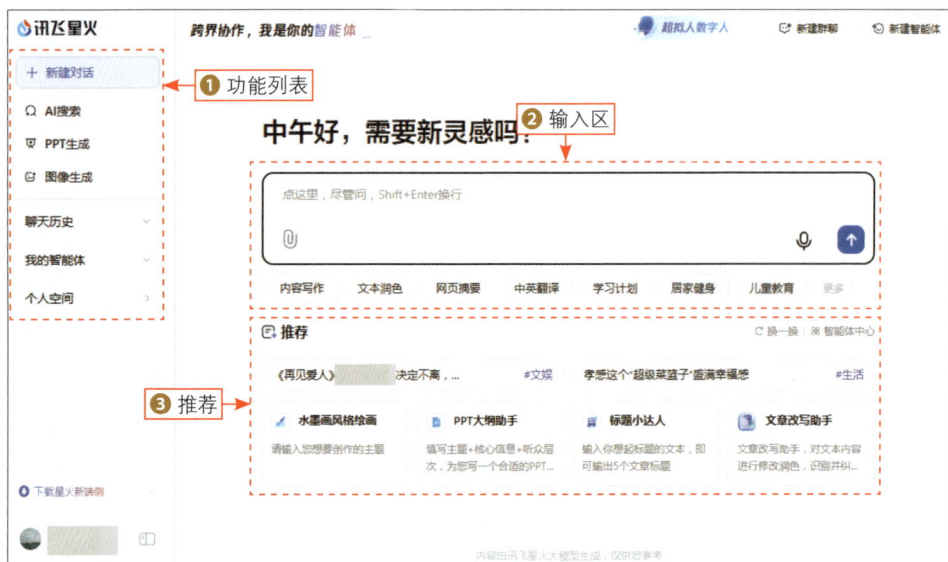

图4-1　讯飞星火"对话"页面

❶ 功能列表：在该列表框中显示了讯飞星火的主要功能按钮，如"新建对话""AI搜索""PPT生成""图像生成"，以及用户的使用记录，如"聊天历史""我的智能体""个人空间"，用户单击相应的按钮，即可跳转至对应的页面，进行操作。

❷ 输入区：该区域可以分为输入框和工具区两部分。其中，用户可以在输入框中输入指令，也可以单击输入框中的按钮、按钮或按钮，完成文件上

传、语音输入或指令发送等操作；而单击工具区中的对应按钮，即可启用该工具，进行更具针对性的对话，单击"更多"按钮，还可以展开工具列表框，显示讯飞星火提供的所有工具。

❸ 推荐：在该区域中显示了讯飞星火推荐的热门话题和智能体，用户可以单击感兴趣的话题或智能体，进入相应的对话页面，进行交流；也可以单击"换一换"按钮，让讯飞星火换一批推荐的话题和智能体；还可以单击"智能体中心"按钮，进入"探索"页面，查看更多智能体。

4.1.2　认识讯飞星火手机版

用户安装并登录讯飞星火手机版后，会进入"星火对话"界面，如图4-2所示。在该界面中，用户可以直接输入并发送指令，让AI完成办公任务。下面对"星火对话"界面中的各主要部分进行相关讲解。

扫码看视频

图4-2　讯飞星火的"星火对话"界面

❶ 返回：点击该按钮，即可返回"对话"界面，用户可以选择其他智能体进行对话，也可以切换至其他界面体验更多功能。

❷ 对话窗口：这是用户与AI进行交流的主要区域，展示了当前对话中的所

有指令和回复。在新建的对话窗口中，AI会推荐一些热门话题和功能，用户可以选择感兴趣的话题或功能进行体验。

❸ 输入区：该区域包含上传按钮⊕、输入框和语音输入按钮◎。用户点击上传按钮⊕可以上传文档或图片，还可以直接与AI进行语音通话；而在输入框中，用户可以输入文字指令来进行提问；点击语音输入按钮◎，会弹出语音输入面板，用户可以通过语音来输入指令。

❹搜索Q：点击该按钮，即可进入搜索界面，用户可以输入关键词来搜索软件中的相关内容。

❺拓展＋：点击该按钮，即可弹出列表框，里面提供了"新建对话""小星畅聊""发起群聊""新建智能体"4个选项。选择"新建对话"选项，可以创建一个新的对话窗口；选择"小星畅聊"选项，可以进入语音通话界面，与AI直接进行语音交流；选择"发起群聊"选项，可以选择多个智能体并创建一个群聊，从而同时与多个智能体对话；选择"新建智能体"选项，会进入"助手创建"界面，让用户自己创建一个AI助手。

4.2 AI 在办公领域的 11 个应用技巧

在讯飞星火中，用户可以直接使用指令让AI完成办公文案的写作，也可以选择专业智能体，让其进行办公文件的生成和数据的处理。本节通过11个案例，介绍AI在办公领域的应用技巧。

4.2.1 生成招聘启事

对有招聘需求的用户来说，招聘启事是广纳人才的有效途径。通过招聘启事上的信息，用户可以找到有针对性的人才，人们也可以有针对性地找到满意的工作。而在AI的帮助下，用户可以轻松获得特定岗位的招聘启事，相关案例如下。

扫码看视频

🎵 提问

P公司是一家游戏公司，主要运营角色扮演类和卡牌类游戏，现在需要招聘两名游戏运营人员，请根据以下岗位要求，结合游戏运营的工作内容和能力，帮P公司写一份招聘启事。
岗位要求：专科及以上学历，拥有3年及以上游戏相关运营工作经验。

讯飞星火

标题：P公司游戏运营专员招聘启事

我们正在寻找两名充满热情的游戏运营专家，加入我们充满活力的团队，共同推动热门角色扮演类和卡牌类游戏的发展。如果您对游戏行业充满激情，并且拥有3年及以上相关工作经验，期待您的加入！

职位：游戏运营专员

工作职责：

- 规划并执行游戏推广计划，增强玩家基础和活跃度。

- 监控游戏运营数据，分析玩家行为，优化游戏性能和用户体验。

- 与开发团队紧密合作，提出改进方案，快速解决运营中的问题。

- 管理游戏内外的社区互动，维护良好的玩家关系。

- 定期组织在线与离线的玩家活动，提升玩家的参与感和忠诚度。

应聘条件：

- 专科及以上学历。

- 至少3年以上游戏行业运营经验，具备角色扮演类或卡牌类游戏经验者优先。

- 熟悉游戏市场趋势，具有优秀的数据分析能力和问题解决能力。

- 出色的沟通和组织能力，能够协调处理多方工作。

- 热爱游戏，了解玩家需求，始终保持玩家至上的服务理念。

……

4.2.2　智能筛选简历

AI能够快速处理大量数据，通过自然语言处理技术，可以在短时间内从十几份甚至更多的简历中筛选出符合特定条件的候选人，这种高效性极大地节省了企业中HR或其他招聘人员的时间和精力，具体操作方法如下。

扫码看视频

步骤 01 在讯飞星火的对话页面中，单击输入框左下角的🔗按钮，如图4-3所示。

步骤 02 在展开的工具栏中，单击"文档"按钮，如图4-4所示。

步骤 03 弹出"打开"对话框，❶选择要上传的3份简历；❷单击"打开"按钮，如图4-5所示，即可完成文档的上传。

步骤 04 ❶在输入框中输入相应的指令；❷单击输入框右下角的⬆按钮，如图4-6所示，即可将指令和文档一起发送给AI。

步骤 05 AI对3份简历进行筛选后，会告知用户更符合招聘需求的求职者信息，相关回复内容如下。

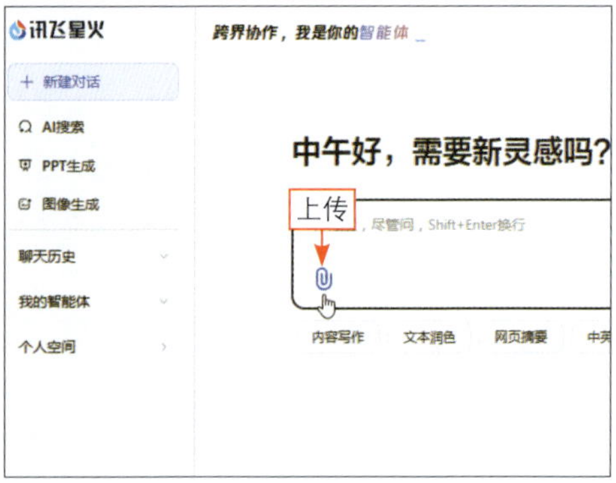

图4-3　单击相应的按钮（1）

图4-4　单击"文档"按钮

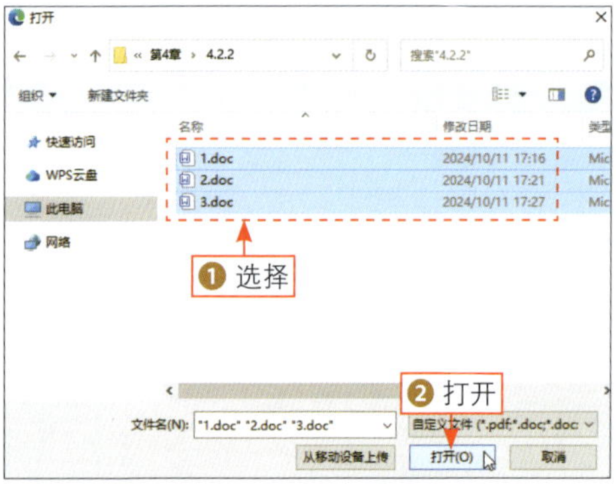

图4-5　单击"打开"按钮

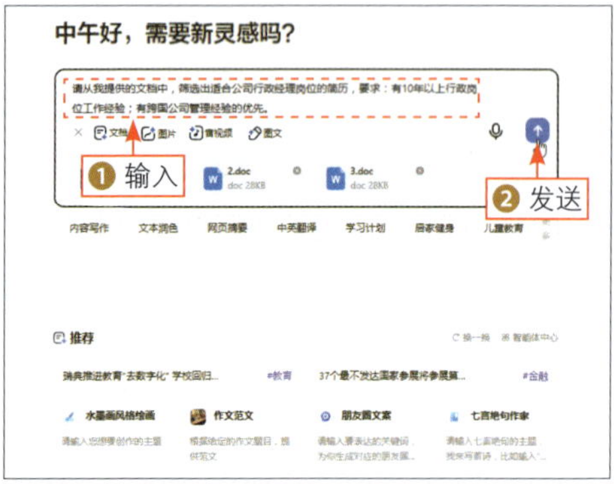

图4-6　单击相应的按钮（2）

讯飞星火

根据您的要求，从提供的文档中筛选出适合公司行政经理岗位的简历，需要有10年以上行政岗位工作经验；有跨国公司管理经验的优先。经过分析，张伟杰的简历最符合这一要求。

张伟杰具有在DEF跨国集团担任行政经理的经验，从2015年1月至今。他负责领导并优化行政团队，通过实施精益管理，减少行政流程中的冗余环节，提高整体工作效率20%。同时，他还主导全球行政政策与标准的制定与执行，确保跨国运营的一致性与合规性。这些经验显示他在跨国公司行政管理方面具有丰富的经验和优秀的表现。

此外，张伟杰还具备跨文化管理技能，能够处理多元文化背景下的行政管理工作，这对跨国公司来说尤为重要。他的教育背景包括复旦大学的国际经济与贸易学士和美国加州大学洛杉矶分校的工商管理硕士（Master of Business Administration，MBA），这为他提供了坚实的国际视野和管理能力基础。

综上所述，张伟杰的简历最适合您提出的公司行政经理岗位的要求，特别是他拥有的跨国公司管理经验，将为您的公司带来宝贵的视角和经验。

4.2.3　制定绩效评估体系

扫码看视频

　　AI可以根据企业中不同岗位、部门及员工的实际情况，定制化绩效评估方案，这种个性化的评估方式能够更准确地反映员工的工作表现，提高绩效评估的公正性和有效性，相关案例如下。

提问

请帮我制定一份技术研发部门研发经理的绩效评估体系。要求：指标明确，考核指标要具体。

讯飞星火

标题：技术研发部门研发经理绩效评估体系

一、引言

为了确保技术研发部门的研发经理能够有效地推动技术创新和项目管理，提升团队整体的工作效率与创新能力，特制定本绩效评估体系。通过明确的考核指标，旨在客观、公正地评价研发经理的工作表现，促进个人与组织的共同成长。

二、绩效评估指标体系

1. 项目交付与管理

　-项目完成率：根据计划完成的项目数量与实际完成数量的比例。

　-项目质量：通过客户反馈、产品缺陷率等指标衡量项目的质量标准。

　-风险管理：对项目中可能出现的风险进行预测、分析，并确定应对措施的有效性。

2. 创新与改进

　-新技术研究：参与或领导新技术研究项目的数量和质量。

　-流程优化：实施的流程改进措施及其对提高工作效率的影响。

　-知识产权：申请并获得的专利数量及质量。

3. 团队建设与领导力

……

4.2.4　撰写电子邮件

　　电子邮件是工作中常见的沟通工具之一，借助电子邮件，用户可以完成信息传递、向上级报告项目进展、与客户进行交流等工作。为了更快地完成电子邮件的写作，用户可以向AI说明电子邮件的对象、主题和内容，让AI根据需求描述进行生成，相关案例如下。

扫码看视频

提问

请根据以下信息帮我写一封电子邮件，发送对象为W公司全体员工。要求：格式准确，条理清晰，要点突出，适当扩展介绍培训内容。

主题：W公司为全体员工安排了一场瑜伽兴趣培训班。

内容：培训时间为2026年10月23日（周五）上午9点至11点；培训地点为W公司4楼活动室403；专业瑜伽教练将为大家进行基础的瑜伽技能和健康知识培训；如果想参加培训，需要在10月18日前用邮件或电话的方式告知行政部门小方，并附上小方的邮箱和电话号码。

讯飞星火

主题：邀请参加瑜伽兴趣培训班

亲爱的全体员工：

你们好！

为促进大家身心健康，丰富员工的业余生活，W公司特别为大家安排了一场别开生面的瑜伽兴趣培训班。现将相关事项通知如下：

培训时间：2026年10月23日（周五）上午9点至11点

培训地点：W公司4楼活动室403

本次培训特别邀请了资深专业瑜伽教练，她将带领大家从零开始学习基础的瑜伽技能和健康知识。无论你是初学者还是有一定基础的瑜伽爱好者，都能在这次培训中收获满满。培训内容包括但不限于以下几个方面。

1. 基础瑜伽体式教学：教练将详细介绍并示范多种基础瑜伽体式，帮助大家掌握正确的动作要领。

2. 呼吸技巧训练：通过科学的呼吸练习，提升肺活量与心肺功能，增强身体的供氧能力。

......

4.2.5 制订市场营销计划

市场营销计划是企业战略规划的核心组成部分，其关键作用在于明确市场定位、指导营销活动、优化资源配置、预测市场趋势并应对竞争挑战。

扫码看视频

通过制订详细的市场营销计划，企业能够系统地分析市场环境、识别目标客户、设计有效的营销组合策略（产品、价格、渠道及促销），以确保营销活动的

针对性、有效性和可衡量性，最终实现企业市场占有率的提升和长期盈利目标。而借助AI，企业可以快速完成市场营销计划的制订，相关案例如下。

提问

请作为一名市场营销专家，制订一份欣欣糕点清明节的市场营销计划，需要关注目标市场、竞争情况、产品定位、促销策略和预算分配等细节，同时需要制订合理的营销时间线和效果评估标准。

讯飞星火

欣欣糕点清明节市场营销计划

一、市场分析

1. 目标市场：主要针对家庭消费者，特别是注重传统文化和节日庆祝的家庭。同时，也关注年轻一代，尤其是对传统节日有新鲜体验需求的年轻人。

2. 竞争情况：分析当地市场上的主要竞争对手，包括其他糕点品牌、超市自有品牌及手工糕点店等。了解他们的产品特点、价格策略、促销活动等。

3. SWOT分析（即态势分析，其中S代表Strengths，意为优势；W代表Weaknesses，意为劣势；O代表Opportunities，意为机会；T代表Threats，意为威胁）：

（1）优势：高品质原料、独特口味、精美包装。

（2）劣势：品牌知名度相对较低、市场占有率不高。

（3）机会：消费者对健康食品的需求增加，对传统文化的重视。

（4）威胁：市场竞争加剧，原材料价格波动。

二、产品定位

1. 核心价值：传承与创新并重，提供健康、美味的清明节特色糕点。

2. 差异化策略：结合清明节的传统习俗，推出具有文化寓意的产品，如"青团""艾草糕"等。

3. 包装设计：采用环保材料，融入清明节元素，强调节日氛围。

三、促销策略

......

4.2.6 设计开业活动方案

在设计开业活动方案时，AI可以结合线上线下的优势，提出综合性的活动方案，帮助商家实现全渠道营销，相关案例如下。

扫码看视频

提问

请为一家蛋糕店设计一套开业优惠活动方案，旨在吸引顾客首次光顾并促进口碑传播。

讯飞星火

一、活动背景

随着市场竞争的加剧，新开业的蛋糕店需要通过有效的营销策略来吸引顾客首次光顾并促进口碑传播。本方案旨在为一家新开业的蛋糕店设计一套具有吸引力和创新性的开业优惠活动方案，帮助店铺迅速打开市场，建立良好的品牌形象。

二、目标客户群体

1. 周边居民：通过地理位置优势吸引周边居民成为首批顾客。

2. 年轻消费者：针对追求时尚、注重生活品质的年轻群体，提供符合他们口味和审美的蛋糕产品。

3. 社交媒体用户：利用社交媒体平台的传播效应，吸引喜欢分享美食体验的用户。

三、活动主题

"甜蜜启航，品味非凡"

四、活动内容与规则

1. 开业大酬宾

- 活动时间：开业首周（7天）

- 活动内容：凡在活动期间进店消费的顾客，均可享受全场商品8折优惠。同时，前50名顾客还将获得精美小礼品一份。

......

4.2.7　撰写会议纪要

　　会议纪要是会议的记录和凭证，好的会议纪要可以清晰、准确地记录会议内容，并为用户后续的工作提供指导。一般而言，撰写会议纪要需要遵循一定的标准，按照统一的格式进行，而借助AI的力量，用户可以更快、更好地完成会议纪要的写作，相关案例如下。

扫码看视频

提问

我将给你提供一段会议纪要，帮我整理成更规范的形式，包括会议的基本信息、目的和议题、内容摘要、决议和行动事项、附件和参考信息。

以下是会议纪要的内容。

会议主题：月度销售策略会

时间：2025年11月18日，14:00—15:00

参与者：张经理、李主任、王小姐

内容简述：

研讨新产品推广计划。

分析上月销售数据，提出改进措施。

讨论客户反馈，制定客户服务优化方案。

待办事项：

张经理：下周一前完成新推广计划草案。

李主任：整理客户反馈，提出具体改善建议。

讯飞星火

会议纪要

基本信息：

- 会议主题：月度销售策略会

- 时间：2025年11月18日，14:00—15:00

- 地点：（未提供，需补充）

- 参与者：张经理、李主任、王小姐

- 记录人：（未提供，需补充）

目的和议题：

- 研讨新产品推广计划。

- 分析上月销售数据，提出改进措施。

- 讨论客户反馈，制订客户服务优化方案。

内容摘要：

1.新产品推广计划：

  - 讨论了新产品的市场定位和目标客户群。

  - 确定了推广渠道和初步的营销策略。

......

4.2.8　生成邀请函

　　邀请函是一种正式的书面文件，通常用于邀请个人或团体参加特定的活动、仪式、庆典、会议或其他重要场合。这种文书旨在传达邀请者的真诚邀请，并提供受邀人所需的关键信息。用户可以给AI提供相关的信息，让它生成一封邀请函，相关案例如下。

扫码看视频

提问

你现在是一个会务行政专家，需要写一封邀请函，邀请VIP（Very Important Person）客户参加高端客户专享新品发布会。注意：邮件中需要根据邀请事项列出计划的日程，并根据邀请对象及邀请事项的主题确定表达风格，如针对大客户应当礼貌含蓄地表达敬意。

讯飞星火

标题：诚邀尊贵客户参加新品发布会

尊敬的VIP客户：

您好！在这收获的季节里，我们满怀感激之情，回顾过去您对我们的信赖与支持。为了回馈您的厚爱，并让您优先体验到我们的创新成果，我们诚挚地邀请您参加（公司名称）即将举办的高端客户专享新品发布会。此次活动不仅是一场产品的展示，更是我们对未来科技趋势的探讨与分享。以下是活动的详细安排。

【活动日程】

1. 日期：（具体日期）

2. 时间：下午2:00—5:00

3. 地点：（具体地址）

4. 流程：

- 14:00—14:30 签到与茶歇

- 14:30—15:30 新品介绍及演示

- 15:30—16:00 行业专家分享

- 16:00—17:00 互动交流会

……

4.2.9　智能提取工资单数据

使用AI提取工资单数据可以显著减少人力资源部门的工作量，降低企业在工资数据处理方面的人工成本。用户可以根据需要选择数据范围，让AI自动完成从识别到提取的全过程，实现工资单数据处理的自动化，具体操作方法如下。

扫码看视频

步骤 01 在讯飞星火的对话页面中，单击"推荐"右侧的"智能体中心"按钮，如图4-7所示，即可进入"探索"页面，查看讯飞星火提供的智能体。

步骤 02 在"为你推荐"板块中选择"数据分析助手"智能体，如图4-8所示。

图 4-7 单击"智能体中心"按钮

图 4-8 选择"数据分析助手"智能体

★ 专家提醒 ★

如果用户在"为你推荐"板块中没有看到"数据分析助手"智能体，可以在页面右上方的搜索框中直接进行搜索，在搜索结果中选择对应的智能体，也可以进入进入"数据分析助手"对话页面。

步骤 03 进入"数据分析助手"对话页面，单击输入框左下角的"文件上传"按钮，如图4-9所示，在弹出的"打开"对话框中选择文件并单击"打开"按钮，即可将文件上传。

步骤 04 在输入框中，❶输入指令；❷单击⬆按钮，如图4-10所示，即可将文件和指令发送给智能体。

图 4-9 单击"文件上传"按钮

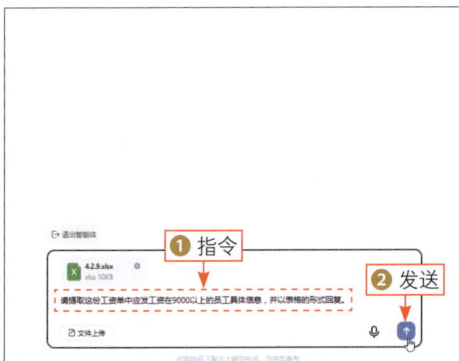

图 4-10 单击相应的按钮

步骤 05 AI会根据表格的内容和指令要求，提取出符合条件的员工信息，并生成对应的表格，相关回复内容如下。

📊 **数据分析助手**

提取的应发工资在9000以上的员工具体信息如下：

序号	部门	姓名	基本工资 （单位：元）	项目提成 （单位：元）	缺勤扣款 （单位：元）	应发工资 （单位：元）
1	销售部	徐芳	3500	7500	50	10950
2	销售部	苏月	3000	6200		9200
3	市场部	彭刚	3500	6700	100	10100
4	销售部	李舜	3500	7800	100	11200
5	市场部	吴畅	4000	5500		9500

共有5位员工的应发工资超过9000。

4.2.10 生成思维导图

用户可以使用讯飞星火中的智能体生成思维导图，从而清晰地展现出内容的结构和层次关系。例如，使用智能体生成企业经营类思维导图，可以系统地梳理出企业的战略目标、市场环境、竞争对手及内部资源，并将企业的战略目标分解为可执行的子任务或项目，从而确保所有成员对企业的发展方向有共同的理解，促进跨部门沟通，实现企业的总目标，部分效果如图4-11所示。

扫码看视频

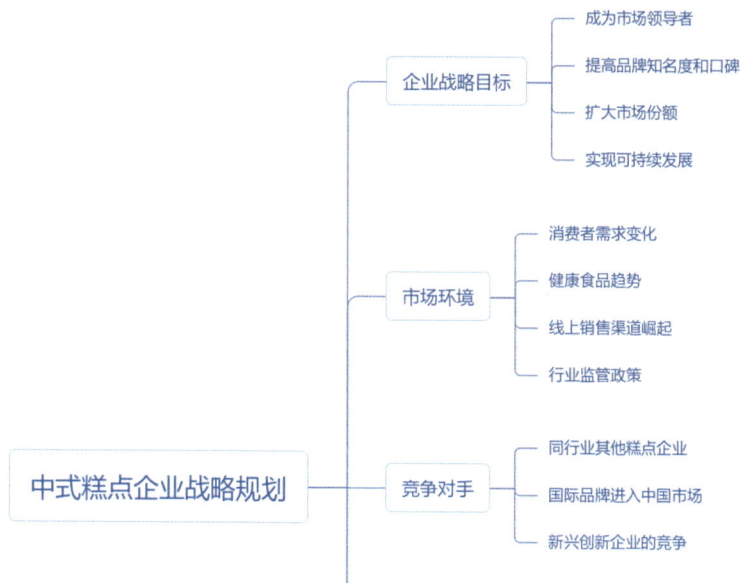

图 4-11 部分效果展示

下面介绍在讯飞星火中使用智能体生成企业经营类思维导图的操作方法。

步骤01 在讯飞星火的对话页面中，单击"推荐"右侧的"智能体中心"按钮，如图4-12所示，进入"探索"页面。

步骤02 在页面右上方的搜索框中输入"思维导图"，如图4-13所示，按【Enter】键，即可搜索与思维导图相关的智能体。

图4-12　单击"智能体中心"按钮

图4-13　输入"思维导图"

步骤03 在搜索结果中选择ProcessOn智能体，如图4-14所示，即可进入ProcessOn对话页面。

步骤04 在页面底部的输入框中，❶输入指令；❷单击↑按钮，如图4-15所示，将其发送，即可获得ProcessOn智能体生成的思维导图。

图4-14　选择 ProcessOn 智能体

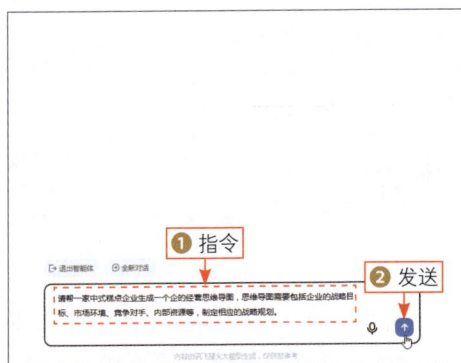

图4-15　单击相应的按钮

步骤05 在生成的思维导图上单击鼠标右键，在弹出的快捷菜单中选择"将图像另存为"命令，如图4-16所示。

步骤 06 弹出"另存为"对话框，❶设置思维导图的保存位置；❷修改思维导图的名称；❸单击"保存"按钮，如图4-17所示，即可将思维导图保存到本地文件夹中。

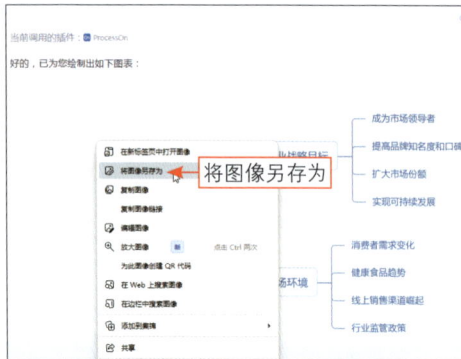

图 4-16　选择"将图像另存为"命令

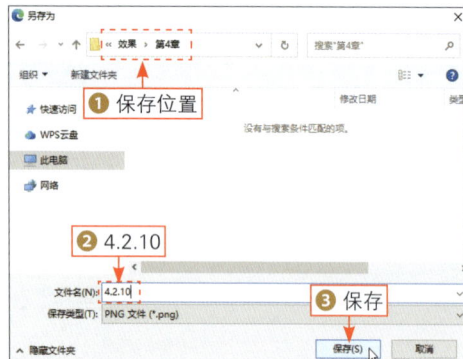

图 4-17　单击"保存"按钮

4.2.11　一键生成 PPT

在讯飞星火中，用户使用智能体可以轻松完成PPT的制作。例如，使用智能体生成员工培训PPT，可以通过精心设计的幻灯片，系统化地展示理论知识、技能要点及案例分析，帮助员工快速掌握学习要点，部分效果如图4-18所示。

扫码看视频

图 4-18　部分效果展示

下面介绍在讯飞星火中使用智能体生成PPT的操作方法。

步骤 01 在"探索"页面中，❶输入并搜索"讯飞智文"；❷在搜索结果中选择"讯飞智文"智能体，如图4-19所示，即可进入"讯飞智文"对话页面。

步骤 02 在页面底部的输入框中，❶输入指令；❷单击↑按钮，如图4-20所示，将其发送。

图 4-19　选择"讯飞智文"智能体

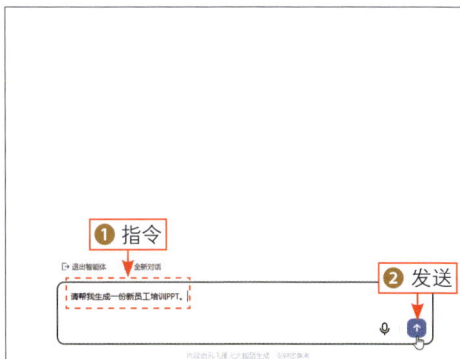

图 4-20　单击相应的按钮

步骤 03 "讯飞智文"智能体会根据指令先生成一份PPT大纲，相关回复内容如下。

讯飞智文

根据您提供的信息，以下是为您初步创建的PPT大纲。您可以自由地对其进行编辑和调整，或者直接参考这个大纲生成PPT演示文稿。

主标题：新员工培训

副标题：快速融入，提升价值

公司概况与文化

- 公司的历史与规模

- 公司的宗旨与发展前景

- 企业文化和价值观

规章制度与岗位职责

- 公司的规章制度

- 各岗位职责及工作流程

- 绩效考核与奖惩机制

业务知识与技能培训

- 产品与服务

- 业务流程与操作规范

- 销售与客户关系管理

团队协作与职业规划

- 团队合作的重要性

- 团队协作的方法与技巧

......

步骤 04 如果用户觉得大纲没问题，可以在生成的回复下方单击"一键生成PPT"按钮，如图4-21所示。

步骤 05 执行操作后，即可跳转至"讯飞智文"页面，开始生成PPT，生成结束后，用户可以查看PPT效果，如图4-22所示。

图 4-21　单击"一键生成 PPT"按钮

图 4-22　查看 PPT 效果

【生活咨询篇】

第 5 章　AI 点亮生活的 13 个应用技巧

　　人工智能技术的迅猛发展，为用户带来了优秀的生活助手。用户在生活中的各种需求和问题，都可以通过这位助手获得满足和解决。本章以智谱清言为例，先对其网页版和手机版的页面与界面进行介绍，再通过案例的方式介绍AI在生活领域的应用技巧。

5.1　了解智谱清言

智谱清言是由北京智谱华章科技有限公司开发的生成式AI助手，它基于智谱AI自主研发的中英双语对话模型ChatGLM2，具备千亿级别的参数和一系列强大的功能。智谱清言可以作为生活助手，提供穿搭技巧、机器使用方法等生活服务；它还能成为用户的知心朋友，与用户聊天、玩游戏。本节将带领用户认识智谱清言网页版和智谱清言手机版的页面和界面组成。

5.1.1　认识智谱清言网页版

用户使用微信或手机号完成登录后，即可进入智谱清言的ChatGLM页面，如图5-1所示。在该页面中，用户可以向AI提出自己在生活中遇到的问题，以获得AI提供的解决方法。下面对ChatGLM页面中的各主要部分进行相关讲解。

扫码看视频

图 5-1　智谱清言网页版的 ChatGLM 页面

❶ 常用功能：智谱清言作为一个集成多种人工智能服务的平台，其左侧的导航栏中包含平台的常用功能。例如，可以提供智能对话服务的ChatGLM功能、为用户提供更精准的搜索服务的"AI搜索"功能、满足用户以文生图需求的"AI画图"功能、可以快速制作精美PPT的"清言PPT"功能，以及可以进行AI视频创作的"清影-AI生视频"功能。

❷ 推荐：该区域可以帮助新用户快速了解平台的功能和特色，指导他们如何使用智谱清言进行有效的互动和信息检索。推荐系统会根据用户的历史行为

和偏好来展示内容，提供个性化的推荐，这有助于用户快速地找到他们感兴趣的信息。

❸ 智能体：在该区域中，用户可以单击"智能体中心"按钮，进入"智能体中心"页面，查看官方和其他人创建的智能体；也可以单击"创建智能体"按钮，进入相应的页面，根据自己的需求定制一个智能体。

❹ 新建对话：单击该按钮，即可创建一个新的对话窗口，用户可以在此向AI提出新问题，以开启新的对话内容。

❺ 输入区：该区域包含上传按钮🗖、输入框和发送按钮➤，其中上传按钮🗖支持用户上传最多10个图片或文档，输入框支持用户输入想要查询的信息或提出问题，发送按钮➤则帮助用户将上传的图片或文档和输入的指令发送给AI，以获得相应的回复或服务。

5.1.2　认识智谱清言手机版

智谱清言能够通过先进的自然语言处理技术，满足用户多样化的需求。在智谱清言手机版中，用户可以在"对话"界面中与AI进行实时交流，如图5-2所示。下面对"对话"界面中的各主要部分进行相关讲解。

扫码看视频

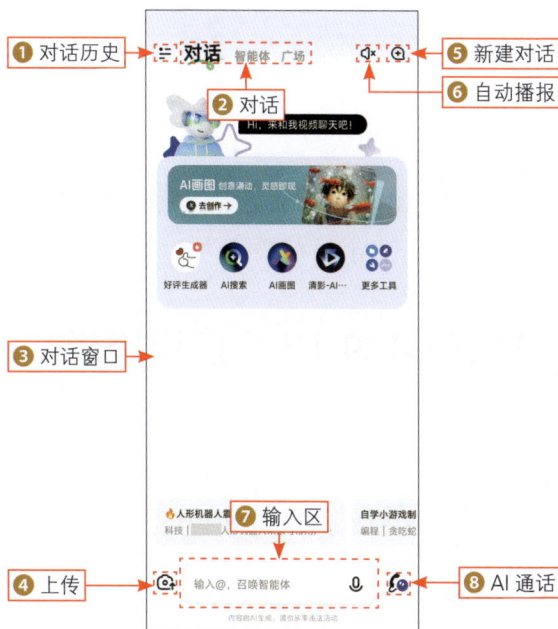

图 5-2　智谱清言手机版的"对话"界面

❶ 对话历史☰：点击该按钮，即可弹出"对话历史"侧边栏，用户可以查看该账号的所有对话记录。

❷ 对话：这是用户向AI发送指令并获得回复的主要界面。另外，点击"对话"右侧的"智能体"按钮，进入"智能体"界面，用户可以选择和使用官方及其他用户提供的智能体进行对话，也可以创建属于自己的智能体；点击"对话"右侧的"广场"按钮，可以进入"广场"界面，用户可以查看和收藏其他人分享的对话。

❸ 对话窗口：这是用户与AI进行实时交流的窗口，会显示当前对话中的所有指令和回复，并支持用户对回复进行选择、播放、复制、分享、点赞和点踩等操作。在新建的对话窗口中，会显示智谱清言推荐的AI工具和热门话题，用户可以点击对应按钮进行使用和提问。

❹ 上传◉：点击该按钮，会弹出相应的面板，用户可以通过上传/拍摄图片或文件，作为指令的一部分。

❺ 新建对话⊕：点击该按钮，会新建一个对话窗口，用户可以与AI讨论新的话题或让AI重新对上一个话题进行回复。

❻ 自动播报◁×："自动播报"功能默认为关闭状态◁×，如果用户需要AI播报生成的回复，则可以点击自动播报按钮，使其变成开启状态◁»，即可启用"自动播报"功能。

❼ 输入区：在该区域中，用户可以直接输入文字指令，也可以点击◉按钮，将输入框变成"按住说话"按钮，长按"按住说话"按钮，即可使用语音输入指令。

❽ AI通话☎：点击该按钮，即可进入通话界面，用户可以直接与AI进行语音通话；也可以打开摄像头，与AI进行视频通话。

5.2 AI 在生活领域的 13 个应用技巧

智谱清言在生活领域的应用广泛，它可以作为娱乐休闲伙伴、生活助手和个性化内容创作工具，提升用户的生活质量，为日常生活带来了更多便利与乐趣。本节通过13个案例，介绍AI在生活领域的应用技巧。

5.2.1 进行角色扮演

用户在与AI进行娱乐游戏时，可以让AI扮演某一个著名的角色，

扫码看视频

用这个角色的思维方式来回复在现代生活中遇到的问题，从而达到娱乐的目的，相关案例如下。

提问

你是牛顿，当你看到电视剧中各种飞檐走壁的动作时，有什么想法？请用第一人称回答。

智谱清言

作为牛顿，当我看到电视剧中各种飞檐走壁的动作时，我可能会这样想：这些动作真是令人惊叹，它们似乎违背了自然界的重力定律。在我的研究中，我了解到物体受到地球引力的作用，无法在没有外力的帮助下自由飞翔。然而，这些表演者似乎能够克服重力，这不禁让我好奇他们是如何做到的。或许其中蕴含着某种尚未被发现的物理原理，或者这只是艺术表现手法，用来营造视觉上的震撼。总之，这些动作虽然不符合自然法则，但却是人类想象力和创造力的体现。

5.2.2　进行成语接龙

成语接龙是最为常见的文本游戏，与AI简单交代好游戏规则，即可一直进行游戏。AI的文本数据库可以满足大容量的成语接龙，用户无须担心AI会"卡壳"，相关案例如下。

扫码看视频

提问

我们来进行一个成语接龙游戏。我先给出一个成语，你按照成语的尾字读音进行成语接龙，当你给出的成语较为生僻时，应对成语进行解释。我的第一个成语是"波澜不惊"。

智谱清言

好的，接下来的成语是"惊弓之鸟"。这个成语形容因受过惊吓而变得极度谨慎和敏感的人。接下来请您接龙。

5.2.3　进行接诗词游戏

用户可以给出一句诗词，让AI接前面或后面的诗词，达到游戏目的的同时还可以学习诗词，相关案例如下。

扫码看视频

提问

我们来进行一个接诗词游戏。我先给出一句诗词，你需要接上诗词的下一句，且在必要时给出诗词的解释。我给出的第1句诗词是"自古逢秋悲寂寥"。

智谱清言

好的，接上这句诗词的下一句是："我言秋日胜春朝。"这句诗出自唐代诗人刘禹锡的《秋词二首·其一》，意思是自古以来，人们每逢秋天都会感到悲伤和寂寥，但我却认为秋天比春天更胜一筹。这里诗人表达了对秋天的独特喜爱和赞美。

5.2.4 回复脑筋急转弯问题

脑筋急转弯是一种考验脑洞的趣味游戏，通过设置一些不在常理思维中的问题，找到逻辑漏洞，给出让人觉得似是而非的回答，以此获得乐趣。和AI玩脑筋急转弯游戏，可以锻炼用户思维的灵活性和逻辑推理能力，相关案例如下。

扫码看视频

提问

我们来进行一个脑筋急转弯游戏。我会先给出一个题目，请你根据题目来作答，并给我出一道脑筋急转弯问题。我的第1个题目是：一个人在一条没有灯的小路上，他没有带手电筒，但他还是看见了一个硬币在地上，这是为什么？

智谱清言

答案：因为是白天。

我来出一个脑筋急转弯题目：小华的爸爸有3个儿子，第1个儿子叫"一郎"，第2个儿子叫"二郎"，请问第3个儿子叫什么？

5.2.5 生成旅游计划

从古至今，旅游都是一个很好的帮助人修身养性、建立自我意识的途径。在出发旅游之前，少不了要对旅行目的地进行合理的规划，如选择哪条线路、采用哪种交通工具、打卡哪些景点等，对这些信息进行有效的梳理与掌握，能够让用户不虚此行。在AI的帮助下，用户

扫码看视频

能够轻松地制订旅游计划，相关案例如下。

🔎 提问

我打算下周去苏州游玩3天，游览一些标志性建筑，请结合不同景点的特色打卡点，帮我安排一下行程。要求：行程不要太满，最好可以让我买一些比较有特色的旅游纪念品。

⊘ 智谱清言

当然可以，以下是为您精心安排的3天苏州游玩行程，包含标志性建筑和特色打卡点，同时留有充足的时间让您购买旅游纪念品。

【第一天】

上午：

1. 苏州博物馆：感受贝聿铭大师的设计美学，了解苏州的历史文化。

打卡点：苏州博物馆门口的"片石山房"景观

中午：

2. 午餐：品尝苏州特色美食——松鼠桂鱼、白汁肉丝等。

下午：

3. 拙政园：游览中国四大名园之一，欣赏古典园林之美。

打卡点：园内的"听涛馆"和"远香堂"

4. 平江路：漫步在古色古香的街道，感受江南水乡的风情。

打卡点：平江路上的"苏州评弹馆"

晚上：

5. 观前街：购物、品尝当地小吃，购买特色旅游纪念品。

【第二天】

上午：

1. 狮子林：探索充满趣味的假山王国，领略园林艺术。

打卡点：狮子林的"真趣亭"

……

5.2.6　进行食物推荐

"吃"被视为人生大事之一，而且生活品质的好坏往往也体现在吃的方面，因此饮食是人们在生活中格外重视的。在AI的帮助下，用户可以获得合理的食物推荐，相关案例如下。

扫码看视频

提问

假设你是一名营养师，请根据要求为我推荐一些适合的鱼类。要求：我不喜欢挑鱼刺，所以希望刺少一点；最好在超市和菜市场就能买到鱼，并且不需要太复杂的处理和烹饪。

智谱清言

当然可以。根据您的要求，以下是一些刺少、易于购买和处理烹饪的鱼类推荐。

1. 鲈鱼：鲈鱼肉质细嫩，刺少，非常适合清蒸或红烧，在超市和菜市场都能轻易买到。

2. 三文鱼：三文鱼富含Omega-3脂肪酸（一种多元不饱和脂肪酸），刺少，适合烤、煎、蒸等多种烹饪方式。超市和菜市场都有售卖。

3. 鳕鱼：鳕鱼肉质厚实，刺少，适合炖汤或清蒸，在超市冷冻区可以找到。

4. 鲇鱼：鲇鱼几乎没有细刺，肉质鲜美，适合红烧或炖汤。

5. 带鱼：带鱼刺相对较少，肉质鲜美，适合清蒸或红烧，在菜市场容易买到。

6. 黄鱼：黄鱼肉质细嫩，刺不多，适合清蒸或红烧。

在购买这些鱼类时，可以请卖家帮忙处理，如去鳞、去内脏等，这样回家后只需简单清洗即可烹饪。烹饪方法可以根据个人口味选择，如清蒸、红烧、炖汤等，这些方法都比较简单易学。希望这些建议对您有帮助！

5.2.7　协助兴趣培养

　　兴趣是每个人生活的乐趣来源之一，好的兴趣可以丰富用户的生活，给用户的生活带来希望，甚至发展成自我价值的实现途径，为社会发展贡献自己的力量。AI可以帮助用户找到自己的兴趣，培养好的兴趣爱好，相关案例如下。

扫码看视频

提问

请你从社会学家的角度，根据我的要求，并结合提高生活幸福指数的目标，为我推荐3种兴趣爱好。

我的要求是：入门门槛低，不需要花费太多金钱和精力，最好可以顺便锻炼身体。

智谱清言

作为一名社会学家，我认为以下3种兴趣爱好既能提高生活幸福指数，又符合您的需求。

1. 瑜伽

瑜伽不仅能够帮助放松身心，提高身体的柔韧性和平衡能力，还能在一定程度上锻炼肌肉。入门门槛低，初学者可以从简单的体式开始练习，不需要花费太多金钱购买装备，只需一张瑜伽垫即可。瑜伽有助于减轻工作压力，提高生活质量，对于20多岁的职业女性，是一种很好的身心修养方式。

2. 徒步

徒步是一种低成本的户外运动，可以让人亲近自然，放松心情。徒步活动通常在周末或节假日进行，既能锻炼身体，又能结识新朋友，拓宽社交圈子。徒步不需要专业装备，一双舒适的鞋子即可。通过徒步，职业女性可以在忙碌的工作之余，享受大自然的美好，提高生活幸福指数。

3. 园艺

园艺是一种非常适合女性的兴趣爱好，可以让您在照顾植物的过程中体验到成长的喜悦。入门门槛低，可以从简单的种植绿植、多肉植物开始，逐渐尝试种植花卉、蔬菜等。园艺活动不仅能锻炼身体，还能培养耐心和细心。此外，亲手种植的植物还能美化居住环境，提高生活品质。

这3种兴趣爱好都能在一定程度上帮助您放松身心、锻炼身体，同时不会给您带来过多的经济和时间压力。希望您能从中找到适合自己的活动，提高生活幸福指数。

5.2.8　提供穿搭灵感

　　"人靠衣装"这句俗语广为流传不无道理，好看的穿搭对提升一个人的气质、气场、外在形象等方面能够起到好的作用，例如法律职业人员穿职业正装，会给人留下专业的印象。在AI的帮助下，用户可以获得客观、可靠的穿搭灵感，相关案例如下。

扫码看视频

提问

现在是11月，我想去哈尔滨游玩几天，打算穿一些汉服方便拍照。请你作为一名时尚顾问，为我搭配5套服装。

智谱清言

当然可以，以下是为您推荐的5套汉服搭配，适合11月的哈尔滨，既保暖又时尚，非常适合拍照。

1. 套装一：红色刺绣交领袄裙+白色保暖内衣
　　- 上衣：红色刺绣交领短袄，内搭白色高领保暖内衣，既保暖，又可以增添层次感。
　　- 下裙：同色系百褶裙，搭配白色打底裤，保暖又不失飘逸。
　　- 配饰：红色绣花鞋、白色围巾、古典发簪。
2. 套装二：墨绿色对襟长衫+黑色保暖裤
　　- 上衣：墨绿色对襟长衫，内搭黑色高领毛衣，保暖且优雅。

> - 下装：黑色保暖裤，搭配同色系绣花布鞋。
>
> - 配饰：墨绿色披肩、古典发带。
>
> 3. 套装三：粉色立领斜襟长袄+白色半身裙
>
> - 上衣：粉色立领斜襟长袄，内搭白色高领保暖内衣。
>
> - 下裙：白色半身裙，搭配粉色打底裤。
>
> - 配饰：粉色绣花鞋、白色围巾、古典发簪。
>
> 4. 套装四：蓝色印花交领袄裙+灰色打底裤
>
> ......

5.2.9　制订健身计划

用户在追求健康生活方式的过程中，可以让AI充当健身教练，根据自己的情况制订科学、严密的健身计划，相关案例如下。

扫码看视频

🧑 提问

你是一名健身教练，请根据以下要求为我推荐几种健身项目，并制订长期的锻炼计划。
要求：上班时我经常要连续好几小时坐着不动，所以希望通过锻炼来缓解腰部和脖子的不适；工作日我只能下班后进行锻炼，而且没有太多的时间；周末我的时间比较充裕；希望自己能够独立完成锻炼，不需要报班或去健身房。

🔵 智谱清言

根据您的要求，以下是一些建议的健身项目以及长期的锻炼计划。

一、推荐的健身项目

1. 拉伸运动：针对腰部和脖子进行拉伸，可以有效缓解不适。

2. 瑜伽：瑜伽动作温和，有助于提高柔韧性，缓解腰背和颈部的紧张。

3. 普拉提：锻炼核心肌群，增强腰部和颈部力量。

4. 有氧运动：如跳绳、快走、慢跑等，提高心肺功能，减轻体重，减少对腰部的负担。

5. 力量训练：使用哑铃、拉力带等进行简单的力量训练，增强肌肉力量。

二、长期锻炼计划

工作日（周一至周五）：

1. 每天晚上：

- 热身：5分钟快走或跳绳。

- 拉伸：5分钟腰部和颈部拉伸。

- 瑜伽/普拉提：10～15分钟，选择针对腰部和颈部的动作。

- 力量训练：10分钟，使用哑铃或拉力带进行简单的动作，如深蹲、哑铃弯举、俯身划

船等

周末（周六和周日）：

……

5.2.10　提供手工的制作教程

对于喜欢做手工的用户，AI可以提供相应的教程，助力用户完成手工制品，相关案例如下。

扫码看视频

提问

你是一名油画棒大师，请为我提供3幅简单的油画棒绘画作品的详细绘制教程。

智谱清言

当然可以！以下是3幅简单的油画棒绘画作品的详细绘制教程，适合初学者尝试。

作品一：日落海景

材料准备：

- 油画棒

- 纸张（建议使用水彩纸或油画纸）

- 画笔（可选，用于混合颜色）

- 清洁布或纸巾

步骤：

1.画天空

　- 使用浅蓝色油画棒，在纸的上方画一条水平线，表示天空。

　- 在蓝色中加入少量白色，画出云朵的轮廓。

　- 用橙色和红色油画棒在天空下方画出日落的光芒。

2.画海面

　- 使用深蓝色油画棒，画出海平线。

　- 在海平线下方，用浅蓝色和白色油画棒画出海浪。

　- 用橙色和黄色点缀海面，表现日落的光照效果。

3.完善细节

　- 用黑色油画棒画出远处的船只轮廓。

……

5.2.11　提供整理和收纳的方法

　　整理和收纳是提高生活幸福指数的途径之一，在AI的帮助下，用户可以掌握一些整理和收纳的技巧和方法，从而增加生活的愉悦感，相关案例如下。

提问

你是一名收纳大师，请根据我的烦恼提供一些高效整理和收纳的技巧。

烦恼：衣柜空间比较小；当季衣物和过季衣物不知道该如何整理；将衣物放进压缩袋之后分不清里面装的是什么，每次找衣服还要打开一一辨认。

智谱清言

针对您的烦恼，以下是一些高效整理和收纳的技巧。

1. 空间利用技巧

　a. 使用垂直空间：在衣柜内部安装一些层架或挂架，将衣物竖直放置，充分利用垂直空间。

　b. 利用门后空间：在衣柜门后安装挂钩或挂袋，可以放置一些轻薄的衣物，如围巾、帽子等。

　c. 使用收纳盒：购买一些尺寸合适的收纳盒，将衣物折叠后放入盒中，整齐堆放在衣柜内。

2. 当季与过季衣物整理技巧

　a. 分区存放：将衣柜分为两个区域，一个存放当季衣物，另一个存放过季衣物。将当季衣物放在容易拿取的位置，将过季衣物放在高处或柜子底部。

　b. 季节性整理：在每个季节交替时，将过季的衣物洗净、晒干后放入压缩袋，然后将当季衣物拿出来整理。

3. 压缩袋衣物辨认技巧

　a. 制作清单：在将衣物放入压缩袋之前，先列出清单，记录每袋衣物的主要内容。将清单贴在压缩袋上或放在容易找到的地方。

　b. 使用透明压缩袋：尽量选择透明或半透明的压缩袋，这样在不打开袋子的情况下，也能大致看到里面的衣物。

　c. 分类压缩：将衣物按照类型或颜色分类，每个压缩袋只装一种类型的衣物，便于辨认。

以下是一些额外的收纳小技巧。

4. 折叠技巧

……

5.2.12　生成朋友圈文案

　　朋友圈文案是人们在生活中接触频率最高的文本之一，主要发挥社交的作用。好的朋友圈文案能给人留下深刻的印象，让亲朋好友忍不住点赞。在AI的帮助下，用户能够更高效地创作出好的朋友圈文案，从而吸引大量的点赞，相关案例如下。

扫码看视频

提问

今天我和朋友一起庆祝了自己的25岁生日，请帮我想一条朋友圈文案。要求：语言幽默又不失文采，不超过100个字。

智谱清言

25岁啦！时间这位雕刻师，你手艺不错嘛，把我雕琢得如此精致。朋友们，今晚不设限，一起见证我的"二五青春"启航！

5.2.13　生成节日祝福语

　　逢年过节，人们大多习惯于用短信或微信给远在外地的亲朋好友送去祝福。而使用AI撰写节日祝福语能够迅速生成个性化、富有创意且情感真挚的祝福内容，不仅极大地节省了时间与精力，还能确保祝福语的新颖性和多样性，相关案例如下。

扫码看视频

提问

今天是元宵节，请帮我写8条发送给好朋友的节日祝福语。要求：感情真挚，语言风趣，每条不超过100个字。

智谱清言

1. 元宵节到了，愿你的生活像汤圆一样，圆圆满满，甜甜蜜蜜。记得吃汤圆哦，不然我怎么知道你的心是不是和我一样甜呢？

2. 猜灯谜、赏花灯，元宵佳节喜洋洋。愿你的笑容比烟花还灿烂，生活比汤圆还甜蜜。祝你元宵节快乐，心情美美哒！

3. 元宵节，吃汤圆，团团圆圆好兆头！愿你的事业如汤圆般越滚越大，财运如烟花般灿烂辉煌。节日快乐，我的好朋友！

4.元宵节，送你一碗"幸福汤圆"，愿你爱情甜如蜜，家庭和和美美，事业步步高升！

5.看着满天的烟花，我想说："元宵节快乐！"愿你的日子像这烟花一样，五彩斑斓，绚烂夺目。

6.元宵节到了，愿你的幸福像汤圆一样，包裹着甜蜜，流淌着快乐。记得多吃几个，别客气！

7.嘿，朋友！元宵节到了，愿你的生活像汤圆一样，既有甜头，又有嚼劲。祝你节日快乐，好运连连！

8.元宵节，祝福到！愿你的日子比汤圆还甜，笑容比月亮还亮，心情比春花还灿烂！节日快乐！

第 6 章　AI 提供咨询的 9 个应用技巧

　　利用人工智能技术提供的咨询服务，能够迅速处理大量数据，为用户提供个性化、精准且高效的建议。本章以秘塔AI搜索为例，先对其网页版和手机版的页面与界面进行介绍，再通过案例的方式介绍AI咨询在多个方面的应用技巧。

6.1　了解秘塔 AI 搜索

秘塔AI搜索是由上海秘塔网络科技有限公司开发的基于大模型技术的智能搜索引擎，它通过理解用户搜索的意图，提供无广告、高质量的搜索结果。在用户进行AI咨询时，秘塔AI搜索能够大幅提升搜索效率，直接给出答案并提供思维导图、内容大纲等辅助信息，帮助用户快速掌握信息要点，实现高效、便捷的信息获取和整理，同时确保信息来源的权威性和时效性。本节将带领用户认识秘塔AI搜索网页版和秘塔AI搜索手机版的页面与界面组成。

6.1.1　认识秘塔 AI 搜索网页版

用户进入秘塔AI搜索的"主页"页面后，可以直接进行提问和咨询，如图6-1所示。需要注意的是，如果用户没有登录秘塔AI搜索，那么在网页中并不会保存用户的搜索记录，下次用户再进入"主页"页面将看到之前的搜索内容。下面对秘塔AI搜索的"主页"页面中的各主要部分进行相关讲解。

扫码看视频

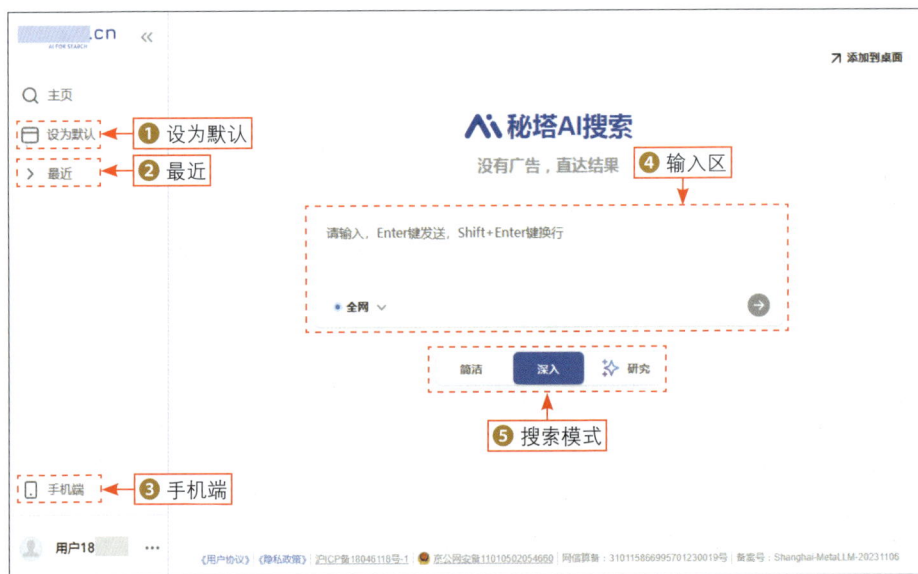

图 6-1　秘塔 AI 搜索的"主页"页面

❶ 设为默认：单击该按钮，会进入相应的页面，用户可以将秘塔AI搜索设为默认的搜索引擎。

❷ 最近：单击该按钮，将会展开或隐藏用户之前的搜索记录。

❸ 手机端：将鼠标指针移动至该按钮上，会弹出一个二维码面板，用户使

用手机扫码即可下载秘塔AI搜索手机版。

❹ 输入区：该区域包含搜索框、搜索范围和发送按钮➡这3个部分。秘塔AI搜索一共有全网、文库、学术、图片和播客5个搜索范围，其中，"全网"为默认的搜索范围。用户可以将鼠标指针移至"全网"按钮上，在弹出的"搜索范围"列表框中选择需要的搜索范围进行切换。

❺ 搜索模式：秘塔AI搜索有简洁、深入和研究3种搜索模式。其中，"简洁"模式适用于需要迅速获取信息但不需要深入分析的用户；"深入"模式适用于需要对某个主题进行详细探索和全面了解的用户；"研究"模式适合学术研究和需要深度分析的用户。

6.1.2　认识秘塔 AI 搜索手机版

秘塔AI搜索手机版"首页"界面的布局和功能与网页版"主页"页面的基本相同，不过手机版的界面中多了几个小功能，以方便用户搜索，如图6-2所示。下面对"首页"界面中的各主要部分进行相关讲解。

扫码看视频

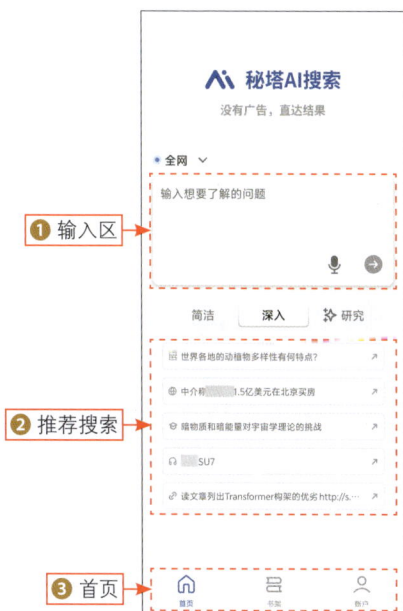

图 6-2　"首页"界面

❶ 输入区：该区域包含输入框、语音输入按钮🎤和发送按钮➡。其中，输入框是用来让用户输入想要了解的问题；语音输入按钮🎤可以让用户通过语音来输入

指令；发送按钮➡可以让用户将指令发送给AI，从而获得搜索结果。

❷ 推荐搜索：秘塔AI搜索会推荐一些热门的搜索话题，感兴趣的用户可以直接点击相关话题，进行搜索。

❸ 首页：该界面是用户进行提问和搜索的主要界面。另外，切换至"书架"界面，用户可以查看在秘塔AI搜索中收藏的文档；而切换至"我的"界面，用户可以查看搜索额度和进行偏好设置。

★ 专 家 提 醒 ★

秘塔AI搜索手机版的搜索范围和搜索模式与网页版的相同，因此这里不再重复介绍。

6.2 AI 咨询在家庭管理方面的 3 个应用技巧

AI咨询凭借其精准分析数据的能力、个性化的服务方案及高效的决策支持，成为家庭管理中不可或缺的智囊团，从而充分发挥其提升家庭生活品质、优化资源配置和促进家庭和谐方面的重要作用。本节通过3个案例，介绍AI咨询在家庭管理方面的应用技巧。

6.2.1 解答智能家居设备的相关问题

秘塔AI搜索虽然不能帮助用户直接操控家中的智能家居设备，但可以解答用户关于设备的困惑和问题，帮助用户体验使用智能家居设备的乐趣，相关案例如下。

扫码看视频

👤 提问

我给家里买了一台天猫精灵，但是我不知道该怎么使用它，请为我提供一份使用说明，包括怎么联网、怎么控制家里其他的智能家居设备等。

🅰 秘塔AI搜索

要使用天猫精灵，您可以按照以下步骤进行联网和控制家里的其他智能家居设备。

一、联网步骤

1.下载并安装天猫精灵App：

 -在手机的应用市场搜索"天猫精灵"并下载安装。

- 或者扫描音箱后面的二维码进行下载。

2. 登录账号：

- 打开天猫精灵App，使用淘宝账号登录。

3. 添加设备：

- 点击天猫精灵App界面的"我家"，然后点击"添加当前设备"。

- 确保手机连接上2.4G的Wi-Fi（无线网络通信技术）。

- 根据提示输入Wi-Fi密码，长按设备顶部中间的按钮，直到呼吸灯闪烁，并有开始连接网络提示音。

4. 完成联网：

- 等待几秒钟，直到连接成功。

二、控制智能家居设备

1. 确认设备支持：

- 确认您想要控制的家电产品是否在天猫精灵的支持范围内。

……

★ 专 家 提 醒 ★

　　需要注意的是，由于设备版本不同，AI提供的使用说明不一定完全适用，用户可以将其作为参考，但如果用户尝试后还是没能解决问题，请及时翻阅说明书或向官方客服进行咨询。

6.2.2　优化家务流程

　　通过机器学习算法，AI可以分析家庭成员的日常习惯，智能分配家务，确保家务工作的高效完成。此外，AI还能提供个性化的家务建议，如怎样更有效地清洁家具、如何更好地管理储物空间等，让家庭生活更加整洁有序，相关案例如下。

扫码看视频

提问

　　请根据以下信息，为我和我姐姐合理、公平地分配家务，并提供一些能够又快又好地完成家务的小技巧。

　　信息：我和我姐姐一起合租，但两姐妹时常因为家务问题而吵架。我们两人都喜欢做饭，但都非常不喜欢洗碗；姐姐更擅长整理和收纳物品，我更喜欢清洁与洗涤类家务；我们还一起养了条小狗，我的空闲时间比较多，会经常遛狗，姐姐则负责小狗的卫生和零食。

秘塔AI搜索

为了合理、公平地分配家务，同时提供一些能够又快又好地完成家务的小技巧，我们可以根据你和你姐姐的喜好和能力进行分工，并提供一些实用的家务小窍门。

家务分配方案

1. 做饭：

 - 由于你们两人都喜欢做饭，可以轮流负责每周的菜单规划和烹饪。这样可以避免重复劳动，同时也能享受不同的美食。

2. 洗碗：

 - 由于你们都不喜欢洗碗，可以考虑购买一些高效的洗碗工具或洗碗喷雾剂来简化这个过程。或者将洗碗任务分配给空闲时间较少的一方，但可以通过奖励制度激励对方按时完成任务。

3. 整理和收纳：

 - 姐姐擅长整理和收纳，可以负责家中的物品整理、衣物收纳，以及客厅和卧室的日常整理。家务小窍门：可以使用真空压缩袋来节省空间并防止衣物霉变，并利用分隔收纳盒来整理抽屉和柜子。

4. 清洁与洗涤：

 - 你可以负责清洁和洗涤类家务，如拖地、擦窗、清洁浴室等。清洁小妙招：在拖地水中加点食盐或花露水，这样地板干得更快且驱蚊。

5. 遛狗：

 - 你经常遛狗，可以继续负责这项任务。姐姐则负责小狗的卫生和零食。

……

6.2.3 提供财务管理方案

在现代家庭生活中，财务管理是一项至关重要的任务。它不仅关乎家庭的日常开支和储蓄计划，更直接影响到家庭成员的生活质量和未来的经济安全。

扫码看视频

AI咨询能够利用大数据分析和机器学习技术，为家庭提供个性化的财务管理建议。它能够根据家庭的收入、支出、储蓄和投资情况，制订出合理的财务管理方案，帮助家庭实现收支平衡，相关案例如下。

提问

张先生和李女士是一对年轻夫妇，他们有一个刚满一岁的孩子。两人都在职场工作，收入稳定，但由于缺乏财务管理经验，他们经常感到财务压力。他们希望找到一种方法来更好地管理家庭财务，实现预算的合理控制和支出的有效跟踪，并为孩子未来的教育和自己的退休生活做好储蓄和投资规划。

请你帮助他们提供一个个性化的财务管理方案，并规划储蓄和投资计划。

秘塔AI搜索

为了帮助张先生和李女士更好地管理家庭财务，实现预算的合理控制和支出的有效跟踪，并为孩子未来的教育和自己的退休生活做好储蓄和投资规划，我们可以根据现有的证据提供以下个性化财务管理方案。

一、制订家庭预算计划

1. 了解收入与支出：首先，张先生和李女士需要清楚地了解他们的月收入和固定支出，包括房贷、车贷、保险、日常开销等。建议使用电子表格或预算应用程序来记录和跟踪这些信息。

2. 制订详细的预算计划：根据收入和支出情况，制订一个详细的月度预算计划。预算应包括日常开销、教育费用、娱乐支出等，并确保每月有结余用于储蓄和投资。

3. 紧急基金：设立紧急基金，目标是存入至少3个月的薪水，以应对意外支出，如医疗费或重大汽车/房屋维修等。

二、子女教育储蓄计划

1. 银行储蓄和基金定投：可以考虑将一部分资金存入银行储蓄账户或进行基金定投，以积累孩子的教育基金。基金定投是一种相对稳健的投资方式，可以长期获得稳定的回报。

2. 教育保险：教育保险不仅具有储蓄功能，还能在孩子上学时提供资金保障。

3. 教育年金：这是一种长期的储蓄计划，可以确保孩子在需要时有足够的资金支持其教育。

三、退休储蓄和投资计划

1. 明确退休目标：首先，明确个人的退休目标，包括期望的生活水平、可能的医疗支出，以及旅游和娱乐等方面的预算。

2. 制订储蓄计划：根据退休目标，制订相应的储蓄计划。建议将一部分收入定期存入退休储蓄账户，并考虑投资股票、债券或其他适合的金融产品。

……

★ 专家提醒 ★

如果用户需要获得更具体、详细的财务管理方案，可能需要向AI提供真实的收入和支出情况，以便AI进行更深入的分析。

6.3　AI 咨询在旅行规划方面的 3 个应用技巧

在旅行规划方面，AI咨询以其精准、高效的特点，为用户提供了全方位的旅行规划服务。无论是推荐旅游目的地、设计旅行线路，还是获取目的地的天气信息，AI都能根据用户的个性化需求和实际情况，提供量身定制的解决方案。在AI的帮助下，用户可以更加轻松、愉快地享受旅行的乐趣。本节通过3个案例，介绍AI咨询在旅行规划方面的应用技巧。

6.3.1　推荐旅游目的地

用户可以将自己的需求告知AI，让它推荐合适的旅游目的地。借助AI咨询，用户不仅避免了纠结去哪里玩的烦恼，还能提高旅游的效率和满意度，相关案例如下。

扫码看视频

提问

请根据以下要求，为我推荐5个合适的旅游目的地，并说明原因。
要求：适合冬天旅行，可以拍摄冬日主题的照片；有独特的自然景观或著名景点；当地美食丰富，物价低。

秘塔AI搜索

根据您的要求，以下是5个适合冬天旅行的旅游目的地推荐。

1.哈尔滨

哈尔滨是一个充满异国情调的城市，拥有众多冬季旅游景点，如太阳岛雪雕艺术博览会、冰雪大世界等，可以拍摄到美丽的冰雕和雪景照片。此外，哈尔滨还有中央大街、防洪纪念碑和斯大林公园等著名地标，展示着俄罗斯古典建筑和艺术雕像。

2.吉林

吉林是冬季旅游的胜地，拥有北大湖、万科松花湖、长白山万达国际度假区等热门滑雪度假区。查干湖冬捕季、雾凇岛等景点展现了吉林独特的冰雪魅力。此外，吉林的美食如铁锅炖酸菜、拔丝白果等也非常丰富。

3.伊春

伊春被称为"中国林都"，冬季景色优美，有丰富的冰雪娱乐项目和民俗美食活动。游客可以体验到冰雕、糖葫芦、东北菜等当地美食，并参观鹿苑和舞厅等景点。伊春的物价相对较低，是一个性价比高的冬季旅游目的地。

4.长白山

长白山四季皆美，冬季景色尤为迷人。游客可以置身于冰雪水晶世界中，欣赏北国林海雪原风光，并体验滑雪、泡温泉等活动。长白山万达度假区提供了深度滑雪游，性价比高。

5. 峨眉山

　　峨眉山位于四川，是国家5A级风景区。冬季的峨眉山别有一番风味：雪景与温泉交相辉映，形成"冰火两重天"的胜景。此外，峨眉山还有丰富的当地美食。

这些目的地不仅适合冬天旅行，还可以拍摄冬日主题的照片，拥有独特的自然景观或著名景点，并且当地美食丰富且物价相对较低。

6.3.2　设计旅行路线

　　AI咨询能够根据用户的个性化需求、偏好和预算，智能分析关于目的地的信息、交通方式、住宿选择和当地文化活动等，为用户量身设计出既高效又充满趣味的旅行路线，从而提升旅行体验，让用户的旅程更加轻松、愉快，相关案例如下。

扫码看视频

提问

请根据以下信息，为我设计一条合理的旅游线路。

信息：我打算利用两周的年假时间进行一次房车自驾游，希望从广州出发，途经湖南、贵州、云南和广西等地，最终返回广州。我喜欢游览自然景观和购买当地特色纪念品，在旅行途中最好能安排一些休息时间，旅行成本最好控制在1万元以内。

秘塔AI搜索

根据你的需求，我为你设计了一条合理的房车自驾游线路，从广州出发，途经湖南、贵州、云南和广西，最终返回广州。这条线路将涵盖浏览自然景观和购买当地特色纪念品的机会，并安排了一些休息时间，同时尽量控制旅行成本在1万元以内。

第1～3天：广州—湖南

- 第1天：从广州出发，前往湖南。建议选择高速公路，全程约700千米，预计行车时间10小时左右。

- 第2天：游览湖南的著名景点，如张家界国家森林公园、岳麓山等。

- 第3天：继续游览湖南的自然景观，如洞庭湖、岳阳楼等。

第4～6天：湖南—贵州

- 第4天：从湖南出发，前往贵州。全程约600千米，预计行车时间8小时左右。

- 第5天：游览贵州的黄果树大瀑布、荔波小七孔景区等自然景观。

- 第6天：继续游览贵州的西江千户苗寨、镇远古城等景点。

第7～9天：贵州—云南

- 第7天：从贵州出发，前往云南。全程约700千米，预计行车时间9小时左右。

- 第8天：游览云南的昆明市，参观石林、滇池等景点。

- 第9天：前往大理市，游览洱海、苍山等自然景观。

第10～12天：云南

- 第10天：从大理出发，前往丽江市，游览丽江古城、玉龙雪山等景点。

- 第11天：继续游览丽江周边的景点，如虎跳峡、普达措国家公园等。

- 第12天：前往香格里拉市，游览普达措国家公园等景点。

6.3.3　获取目的地的天气信息

在旅行过程中，了解目的地的实时天气信息，对于制订合理的旅行计划至关重要。用户可以通过向AI询问，获取目的地的实时天气信息，包括温度、湿度、风力等详细数据，以及未来几天的天气趋势预测。这些信息有助于用户更好地安排衣物和防晒措施，确保旅行的舒适度，相关案例如下。

扫码看视频

👤 提问

我计划10月16日至20日去杭州旅行，请为我提供这段时间内的杭州天气信息，并给出穿衣建议。

🅰️ 秘塔AI搜索

杭州在10月16日至20日的天气情况如下。

1.10月16日：白天阴有阵雨，自傍晚起雨渐止，转阴到多云，气温在21℃～24℃。

2.10月17日：早晨最低气温为12.3℃，创下入秋后的新低，但随着太阳升起，气温会逐步回升。

3.10月18日至20日：天气以多云到晴为主，气温在15℃～25℃。

穿衣建议：

1.10月16日：由于有阵雨，建议携带防雨外套，并且白天温度在21℃～24℃，可以穿单层棉麻面料的短套装、T恤衫、薄牛仔衫裤等。

2.10月17日：早晨较冷，最低气温为12.3℃，建议穿套装、夹衣、风衣、休闲装、夹克衫等保暖衣物。随着气温回升，白天可以适当减少衣物。

3.10月18日至20日：天气转晴，气温在15℃～25℃，建议穿棉麻面料的衬衫、薄长裙、薄T恤等清凉透气的衣服。夜间温度较低，需要注意保暖，可穿套装、夹衣、风衣等。

总结：

杭州在10月中旬的天气变化较大，早晚温差明显加大。建议您根据天气预报适时增减衣物，携带防雨外套以应对可能的降雨天气。白天可以选择轻便舒适的衣物，晚上则需注意保暖。

6.4　AI 咨询在购物娱乐方面的 3 个应用技巧

　　AI咨询，凭借其强大的数据处理能力、精准的用户画像构建，以及个性化的推荐算法，正在逐步重塑用户的消费习惯与娱乐体验。从推荐个性化商品和娱乐内容，到收集文化活动资讯，AI咨询以其独特的应用技巧，为人们带来了前所未有的便捷与乐趣。本节通过3个案例，介绍AI咨询在购物娱乐方面的应用技巧。

6.4.1　推荐个性化商品

　　AI咨询能够依据用户提供的需求与偏好信息，通过复杂的算法模型和数据分析技术，从庞大的商品库中精准筛选，为用户推荐一系列符合其个性化要求的商品，相关案例如下。

扫码看视频

提问

请根据以下要求，为我推荐5个合适的商品，并说明原因。
要求：我的朋友要过生日了，她喜欢阅读、听歌和绘画；去年我送了她一个唱片机作为生日礼物，今年想送一个不一样的；我的预算是1000元，礼物需要在11月3日前拿到；礼物的体积不要太大，避免为她搬家造成负担。

秘塔AI搜索

根据你朋友的兴趣和你的预算，以下是5个合适的生日礼物推荐。
1. 无线蓝牙耳机：无线蓝牙耳机是听歌的必备工具，可以让她更加方便地享受音乐。这类产品通常体积小巧，便于携带。
2. 音乐盒：胡桃木木质音乐盒不仅音质好，而且外观精致，适合作为摆设或礼物。
3. 音乐会门票：如果她喜欢现场音乐表演，送她一张她喜欢的歌手或乐队的音乐会门票会是一个难忘的礼物。
4. 定制书籍：一本关于她喜欢的音乐或绘画主题的定制图书，可以包含她的名字或特别信息，使其更具个人意义。
5. 卡林巴拇指琴：这是一种小型的打击乐器，非常适合喜欢音乐的朋友。它体积小巧，便于携带，可以随时随地演奏出美妙的音乐。
这些礼物不仅符合她的兴趣爱好，而且体积适中，便于携带，不会给她搬家带来负担。

6.4.2　推荐娱乐内容

如果用户想通过一些影视作品、文学作品或音乐作品来放松自己，却不知道该看什么或听什么时，可以向AI进行咨询，让它推荐一些能够满足用户需求的娱乐内容，相关案例如下。

扫码看视频

提问

周六我打算在家看电影，请你根据我的喜好为我推荐5部合适的作品，并提供电影名、年份和内容简介。

要求：我最近想看一些老电影，最好是20世纪40—60年代的欧洲电影；电影的题材不限，但我不喜欢惊悚、恐怖和悲情类电影。

秘塔AI搜索

根据你的喜好，我为你推荐以下5部20世纪40—60年代的欧洲电影。

1.《卡萨布兰卡》

 - 年份：1942年

 - 内容简介：这是一部经典的爱情电影，讲述了二战期间，主人公在摩洛哥卡萨布兰卡的机场帮助一对恋人重聚的故事。

2.《罗马假日》

 - 年份：1953年

 - 内容简介：这是一部轻松浪漫的爱情喜剧，讲述了公主安妮在罗马访问期间，厌烦了繁文缛节的宫廷生活，偷偷溜出宫殿，偶遇美国记者乔，两人由此度过了一段美妙的罗马假日。

3.《于洛先生的假期》

 - 年份：1953年

 - 内容简介：这是一部颇具喜剧性的法国电影，讲述了于洛先生在假期发生的一系列趣事，包括他如何与各种人打交道、如何面对生活中的小插曲等。

4.《玉女神驹》

 - 年份：1944年

 - 内容简介：这部电影讲述了一个小女孩通过骑马比赛赢得冠军的故事，充满了励志和温情。

5.《野草莓》

 - 年份：1957年

 - 内容简介：影片讲述了一位年迈的教授在驱车前往女儿家的路上，回忆起自己一生的经历，并对自己的人生进行了深刻的反思。

希望这些推荐能满足你的观影需求！

6.4.3　收集文化活动资讯

文化活动是丰富人们精神世界、传承和发展文化的重要载体，包括文化展览、民俗活动和学术讲座等。然而，用户在收集文化活动资讯时常常面临信息分散、筛选困难等问题。但借助AI高效的数据处理和分析能力，用户可以轻松获取丰富、精准且个性化的文化活动信息，相关案例如下。

扫码看视频

提问

请帮我收集并整理长沙在2024年11月内的文化活动资讯，包括但不限于艺术表演、图书阅读推广、文物展览、艺术教育课程和学术交流讲座等。同时，我希望这些资讯能够尽可能详细，包括活动名称、时间、地点、简介和参与方式等。

秘塔AI搜索

以下是对长沙在2024年11月内的文化活动资讯的详细整理，包括艺术表演、图书阅读推广、文物展览、艺术教育课程（此处以相关学校或机构长期开设的课程为代表）、影视放映，以及学术交流讲座等方面的内容。

一、艺术表演

活动名称：2024中国舞蹈"荷花奖"巡演（长沙站）

时间：2024年11月1日、2日

地点：湖南大剧院

简介：此次巡演将展示中国舞蹈艺术的最高成就，为长沙市民带来一场视觉盛宴。

参与方式：可通过湖南大剧院官方渠道购票观看。

二、图书阅读推广

活动名称：长沙市图书馆阅读推广活动

时间：长期进行，11月内持续开展

地点：长沙市图书馆及其分馆

简介：长沙市图书馆将继续推进全民阅读活动，包括各类阅读推广、讲座、展览等，丰富市民的精神文化生活。

参与方式：市民可免费进入图书馆阅读，参与各类活动需关注图书馆官方通知并报名。

三、文物展览

活动名称：生命艺术——马王堆汉代文化沉浸式数字大展

时间：2024年6月8日—2025年2月16日（11月内在展）

地点：湖南博物院一楼特展一厅

简介：通过沉浸式数字技术，展示马王堆汉代文化的魅力，让观众身临其境般地感受古代文明的辉煌。

……

【绘图设计篇】

第 7 章　AI 绘画与 AI 摄影的 12 个创作技巧

　　AI在图像生成领域的应用，为艺术创作注入了前所未有的新活力。它不仅在日常生活中为用户带来了更加精美、个性化的视觉享受，还在工作领域提升了创作效率与作品的艺术价值。本章以即梦AI为例，对AI工具和创作技巧进行详细介绍。

7.1 了解即梦 AI

即梦AI是由字节跳动公司抖音旗下的剪映推出的一款AI图片与视频创作工具，它支持文生图、图生图等多种创作方式，能够满足各种场景的创作需求。本节带领用户认识即梦AI网页版和即梦AI手机版的页面与界面组成。

7.1.1 认识即梦 AI 网页版

即梦AI为用户提供了一个一站式的AI创作平台，旨在降低用户的创作门槛，激发无限创意。用户在"图片生成"页面中，可以借助文字指令、参考图和生图参数，完成图像的创作，如图7-1所示。下面对"图片生成"页面中的各主要部分进行相关讲解。

扫码看视频

图 7-1 "图片生成"页面

❶ 输入区：该区域包括文本框和"导入参考图"按钮，用户可以在文本框中输入绘画指令，进行以文生图操作；也可以单击"导入参考图"按钮，上传参考图进行以图生图。

❷ 设置区：在该区域中，用户可以对生图的模型、精细度和比例进行设置，让生成的图片更满足用户的需求。

❸ 立即生成：单击该按钮，即可让AI根据输入的内容和设置的参数进行绘画。将鼠标指针移至"立即生成"按钮上方的"积分消耗明细"上，会弹出相应的面板，显示不同功能消耗的积分情况。

④ 效果展示：在该区域中，会显示用户生成的所有AI绘画作品。用户每次单击"立即生成"按钮，即梦AI会同时生成4张图片，用户可以单击任意图片将其放大查看；也可以将鼠标指针移至对应的图片上，在下方显示的工具栏中单击对应的按钮，对生成的图片进行编辑和优化。

7.1.2　认识即梦 AI 手机版

即梦AI手机版的生图功能与网页版的相同，在"想象"界面中用户可以轻松地完成文生图和图生图操作，如图7-2所示。下面对"想象"界面中的各主要部分进行相关讲解。

扫码看视频

图 7-2　"想象"界面

❶ 用户头像：点击头像，即可进入账号界面，查看该账号发布和赞过的作品。

❷ 积分：在即梦AI中，用户需要使用积分来进行图片和视频的创作与编辑。系统每天会赠送一定的积分，该积分仅当天有效；另外，用户还可以通过开通会员服务来获取更多积分。

❸ 效果展示：在该区域中，用户可以查看即梦AI生成的所有效果，并对其进行重新编辑或再次生成操作；选择一张图片，可以将其放大查看和对其进行编辑。

❹ 设置区：在该区域中，用户可以对生成的对象、参数、参考图和内容进

行设置。其中，点击 🔽 按钮，可以在弹出的面板中切换生成的对象；在输入框中可以输入文字指令，告知AI需要生成的内容；点击 🖼 按钮，可以上传图片作为参考；点击 ⚙ 按钮，可以在弹出的面板中设置生图的模型和比例；点击 ⏏ 按钮，即可将设置好的所有信息发送给AI，让其进行生成。

❺ 资产 📂：点击该按钮，将进入"我的资产"界面，查看账号创作和收藏的所有图片和视频。

❻ 筛选 ☰：点击该按钮，会弹出相应的列表框，用户可以选择"全部内容""图片内容""视频内容"选项，来筛选"想象"界面显示的作品类型。

7.2　AI 绘画的 3 个创作技巧

AI绘画是指利用人工智能技术，通过算法学习和模拟人类绘画的过程与风格，自动生成具有艺术性和创造力的图像作品。它结合了计算机视觉、深度学习等前沿技术，使得机器能够理解和再现复杂的视觉元素及情感表达，为用户提供全新的创作工具和灵感来源。

在即梦AI中，用户可以通过文字或图片进行生图，还可以对生图参数进行设置，以获得更个性化的图片效果。本节介绍AI绘画的3个创作技巧。

7.2.1　使用文字指令进行 AI 绘画

【效果展示】：在即梦AI的"图片生成"页面中，用户在文本框中输入文字指令，然后单击"立即生成"按钮，即可生成需要的图片，效果如图7-3所示。

扫码看视频

图 7-3　效果展示

下面介绍在即梦AI中使用文字指令进行AI绘画的操作方法。

步骤01 登录并进入即梦AI的"首页"页面，在"AI作图"选项区中单击"图片生成"按钮，如图7-4所示，进入"图片生成"页面。

步骤02 在文本框中输入文字指令，如图7-5所示，将需要生成的画面内容告知AI。

图 7-4 单击"图片生成"按钮

图 7-5 输入文字指令

步骤03 单击页面左下角的"立即生成"按钮，如图7-6所示，即可发送指令，让AI生成4张对应的图片。

步骤04 将鼠标指针移至喜欢的图片上，如第4张图片，在显示的工具栏中单击"超清"按钮 HD，如图7-7所示。

图 7-6 单击"立即生成"按钮

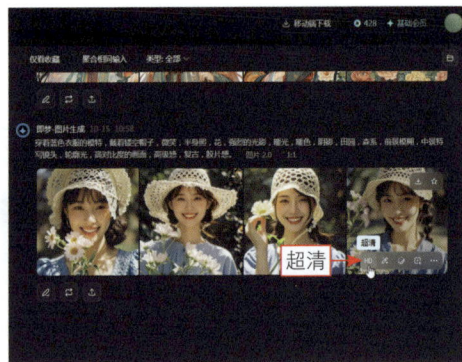

图 7-7 单击"超清"按钮

★ 专 家 提 醒 ★

如果用户对生成的图片不满意，可以再次单击"立即生成"按钮或单击图片下方的"再次生成"按钮 ，让AI根据相同的文字指令和生图参数重新生成4张图片。

步骤**05** 执行操作后，即梦AI会单独生成第4张图片的超清图，将鼠标指针移至超清图上，在显示的工具栏中单击"下载"按钮![下载图标]，如图7-8所示，即可将超清图下载到本地文件夹中。

图7-8　单击"下载"按钮

★ 专家提醒 ★

　　HD通常指的是High Definition，即高清晰度。这个术语用来描述图像的分辨率，它比标准清晰度（Standard Definition，SD）的分辨率要高，高清晰度图像提供了更多的细节和更清晰的视觉效果。

　　具体来说，HD图像通常指的是以下几种分辨率。

　　（1）720p：水平分辨率为1280像素，垂直分辨率为720像素，p代表逐行扫描（progressive scan）。

　　（2）1080p：水平分辨率为1920像素，垂直分辨率为1080像素，p也是逐行扫描。

　　这些分辨率标准通常用于电视、电影、视频游戏和计算机显示器等，以提供更高质量的视觉体验。随着技术的发展，现在还有更高的分辨率标准，如超高清（Ultra High Definition，UHD），包括4K、8K等，它们提供了比HD更高的图像清晰度和更多的细节。

7.2.2　使用参考图进行 AI 绘画

　　【效果对比】：用户在使用参考图进行AI绘画时，不仅可以设置参考项，还可以直接设置生图比例，从而获得对应尺寸的图片。原图和AI绘画的效果图对比如图7-9所示。

扫码看视频

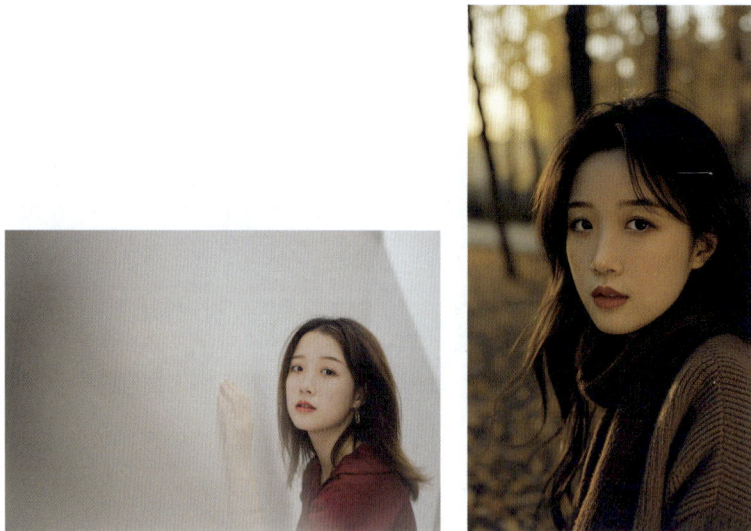

图 7-9　原图和 AI 绘画的效果图对比

下面介绍在即梦AI中使用参考图进行AI绘画的操作方法。

步骤01 在"图片生成"页面中，❶输入绘画指令；❷单击"导入参考图"按钮，如图7-10所示。

步骤02 弹出"打开"对话框，❶选择相应的图片；❷单击"打开"按钮，如图7-11所示，即可导入参考图，并弹出"参考图"对话框。

图 7-10　单击"导入参考图"按钮

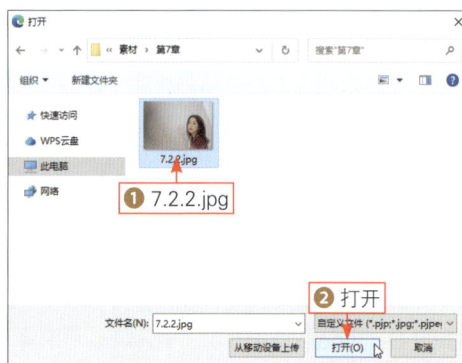

图 7-11　单击"打开"按钮

步骤03 在"请选择你要参考的图片维度"选项区中，选中"人物长相"单选按钮，如图7-12所示，AI会自动识别参考图中的人物长相。

步骤04 ❶单击"生图比例"右侧的下拉按钮；❷在弹出的面板中选择9∶16选项，如图7-13所示，即可设置图片比例。

图7-12 选中"人物长相"单选按钮

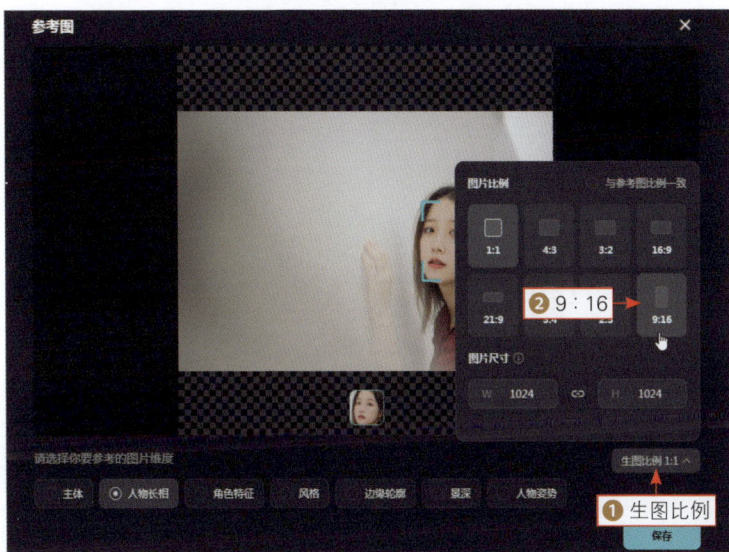

图7-13 选择 9∶16 选项

步骤 05 单击"保存"按钮，保存设置的参考项和生图比例，并返回"图片
生成"页面，单击"立即生成"按钮，如图7-14所示，即可让AI根据参考图和指
令生成4张图片。

步骤 06 将鼠标指针移至喜欢的图片上，如第4张图片，在显示的工具栏中
单击"超清"按钮 HD，如图7-15所示，即可获得第4张图片的超清图。

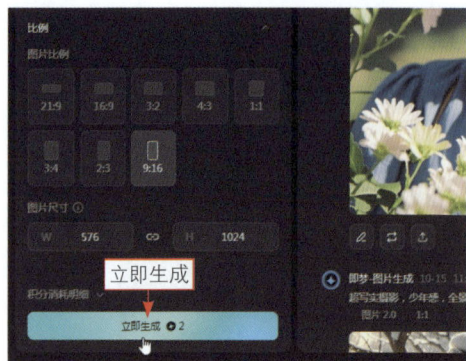

图 7-14　单击"立即生成"按钮

图 7-15　单击"超清"按钮

7.2.3　设置生图参数进行 AI 绘画

【效果展示】：在进行AI绘画时，用户除了输入指令或导入参考图，还可以对生图模型、精细度和比例进行设置，让AI根据这些参数进行创作，效果如图7-16所示。

扫码看视频

图 7-16　效果展示

下面介绍通过设置生图参数进行AI绘画的操作方法。

步骤01 在"图片生成"页面中，❶输入文字指令；❷在"模型"选项区中，单击默认的生图模型；❸在弹出的"生图模型"列表框中选择"图片2.0 Pro"选项，如图7-17所示，即可更改生图模型。

步骤 **02** ❶ 在"模型"选项区中设置"精细度"参数为10，提高生图质量；❷ 在"比例"选项区中选择3：4选项，如图7-18所示，修改生图尺寸。

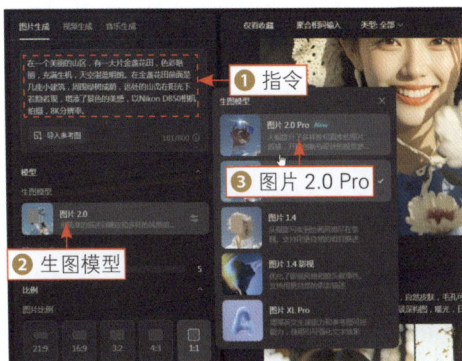

图7-17　选择"图片 2.0 Pro"选项　　　图7-18　选择 3 ：4 选项

★ 专家提醒 ★

即梦AI目前配备了图片2.0 Pro、图片2.0、图片1.4、图片1.4影视和图片XL Pro这5个不同的图像生成模型。这些模型各具特色，能够满足不同用户的需求和创作风格。

另外，精细度会直接影响到最终图像的清晰度和细节丰富度，因此通过提高精细度参数值，AI可以生成细节更丰富、更清晰的图像，从而提供更逼真的视觉效果，但这种高质量的生成过程需要更多的计算资源和时间。

即梦AI提供的8种图片比例能够让用户根据自己的具体需求选择合适的图像比例。无论是为了适应特定的显示设备、满足特定的视觉风格，还是为了优化在特定社交平台上的展示效果，用户都可以轻松选择最合适的比例参数。

步骤 **03** 单击"立即生成"按钮，即可让AI根据指令和生图参数创作4张图片，将鼠标指针移至喜欢的图片上，如第1张图片，在显示的工具栏中单击"超清"按钮 HD ，如图7-19所示，即可获得第1张图片的超清图。

图7-19　单击"超清"按钮

7.3　AI摄影的9个创作技巧

AI摄影是指利用人工智能技术来辅助或完全实现摄影创作，即通过让计算机学习人类创作的艺术风格和规则，然后绘制出与真实摄影作品相似的虚拟图像，从而实现由计算机生成摄影作品的功能。如果用户想创作自己的AI摄影作品，可以在指令中添加AI摄影的相关内容，以便AI理解并生成想要的图片效果。本节主要介绍AI摄影的9个创作技巧。

7.3.1　添加相机型号指令

在AI摄影中，添加相机型号指令可以模拟相机拍摄的画面效果，能够给用户带来更大的创作空间，让AI摄影作品更加多样化、更加精彩，从而让照片给观众带来更加真实的视觉感受。

扫码看视频

例如，全画幅相机（full-frame digital SLR camera）是一种具备与35mm胶片尺寸相当的图像传感器的相机，它的图像传感器尺寸较大，通常为36mm×24mm，可以捕捉更多的光线和细节。

指令： 太阳从玉山上升起，山下绿草如茵，鲜花盛开，云海纵横，一望无际。日落时，金色的光线穿过群山，这是一个美丽的场景，高清摄影照片，超清晰，广角镜头拍摄，暖色，阳光明媚，风景摄影风格，Nikon D850镜头。

用户可以输入指令，并设置"生图模型"为"图片2.0"、"图片比例"为16：9，单击"立即生成"按钮，即可获得模拟全画幅相机生成的照片效果，如图7-20所示。

图 7-20　模拟全画幅相机生成的照片效果

★ 专家提醒 ★

　　用户在进行生成时，可以根据自己的需求和喜好对"生图模型"与"图片比例"进行设置。另外，虽然即梦AI每次可以生成4张图片，但这4张图片的效果不一定都好看，因此本节只选取一张图片作为效果展示。

7.3.2　添加相机镜头指令

　　不同的镜头类型具有独特的特点和用途，它们为摄影师提供了丰富的创作选择。在AI摄影中，用户也可以根据主题和创作需求，添加合适的相机镜头指令来表达自己的视觉语言。

扫码看视频

　　例如，广角镜头（wide angle）是指焦距较短的镜头，通常小于标准镜头，它具有广阔的视角和大景深，能够让照片更具震撼力和视觉冲击力。

　　指令：日落时海岸边岩石的照片，水中反射霞光，戏剧性的天空，平静水面上的倒影，自然美景，宁静的氛围，倒影，黄金时段的灯光，风景摄影，摄影艺术，Sigma 17–24mm f/2.8 DG HSM Art。

　　用户可以输入指令，并设置"生图模型"为"图片2.0"、"图片比例"为16∶9，单击"立即生成"按钮，即可获得模拟广角镜头生成的照片效果，如图7-21所示。

图 7-21　模拟广角镜头生成的照片效果

7.3.3　添加相机焦距指令

焦距是指镜头的光学属性，表示从镜头到成像平面的距离，它会对照片的视角和放大倍率产生影响。例如，35mm是一种常见的标准焦距，视角接近人眼所见，常用于生成人像、风景和街拍等AI摄影作品。

扫码看视频

指令：一个中国小女孩，在一片花海中，神态自然，儿童写真，Sony FE 35mm F1.8。

用户可以输入指令，并设置"生图模型"为"图片2.0"、"图片比例"为3∶4，单击"立即生成"按钮，即可获得模拟35mm镜头生成的照片效果，如图7-22所示。

图 7-22　模拟 35mm 镜头生成的照片效果

7.3.4　添加光圈指令

光圈是指相机镜头的孔径大小，它主要用来控制镜头的进光量，影响照片的亮度和景深效果。例如，大光圈（光圈参数值偏小，如f/1.8）会产生浅景深效果，使主体清晰而背景模糊。

扫码看视频

指令：一只猫咪，在公园的长椅上，动物摄影，浅景深效果，Nikon D850

AF-S NIKKOR 85mmf/1.8G。

用户可以输入指令，并设置"生图模型"为"图片2.0"、"图片比例"为3：4，单击"立即生成"按钮，即可获得模拟大光圈生成的照片效果，如图7-23所示。

图 7-23　模拟大光圈生成的照片效果

7.3.5　添加背景虚化指令

背景虚化（background blur）类似于浅景深，是指使主体清晰而背景模糊的画面效果，同样需要通过控制光圈大小、焦距和拍摄距离来实现。背景虚化可以使画面中的背景不再与主体竞争注意力，从而让主体更加突出。

指令：粉红色的绣球花在阳光下，背景虚化，特写，高清摄影，高分辨率，专业的色彩分级，柔和的阴影，清晰的焦点，详细细节，自然的光线。

用户可以输入指令，并设置"生图模型"为"图片2.0"、"图片比例"为16：9，单击"立即生成"按钮，即可获得模拟背景虚化生成的照片效果，如图7-24所示。

扫码看视频

图7-24 模拟背景虚化生成的照片效果

7.3.6 添加滤镜指令

滤镜指令可以激发AI的想象力，帮助用户构思和实现特定的视觉效果，从而确定摄影作品的整体风格，例如复古、现代、浪漫、清新等，并通过图像的视觉元素传达信息和感受。

扫码看视频

指令： 新疆，绿色的草原上，有蒙古包营地，高清晰度的摄影风格，绿色的山峰和松林，整个场景充满了自然美景，清新，郁郁葱葱的绿色牧场，光线柔和，使用索尼相机拍摄，光圈为F8，有复杂的细节。

用户可以输入指令，并设置"生图模型"为"图片2.0"、"图片比例"为16：9，单击"立即生成"按钮，即可获得添加滤镜指令生成的照片效果，如图7-25所示。

图7-25 添加滤镜指令生成的照片效果

★ 专 家 提 醒 ★

常见的滤镜指令包括模糊（vague）、清新（fresh）、淡雅（elegant）、冷清（cold and desolate）、黑白（black and white）、颗粒感（graininess）、柔和（soft）、高对比度（high contrast）等。

7.3.7　添加光晕指令

通过添加光晕指令，可以增强图像或场景的视觉效果，使其更加引人注目。光晕指令可以指导AI模型模拟自然或人造光源的光线效果，如阳光、灯光、火焰等，为图像或场景营造特定的氛围，如神秘、梦幻、浪漫、神圣等。

扫码看视频

指令：一张特写照片，一只蜜蜂栖息在花朵上，精确捕捉每一个细节，这张照片采用了焦点叠加技术，微距摄影，背景虚化，焦外光晕，光斑、高分辨率，细致的纹理和自然的环境。

用户可以输入指令，并设置"生图模型"为"图片2.0"、"图片比例"为16∶9，单击"立即生成"按钮，即可获得添加光晕指令生成的照片效果，如图7-26所示。

图 7-26　添加光晕指令生成的照片效果

★ 专 家 提 醒 ★

常见的光晕指令包括光斑（glare）、柔和边缘（soft edges）、光影渐变（light and shadow gradient）、背景虚化（background blur）、光线聚焦（light focus）、焦外光晕（bokeh）、景深效果（depth of field effect）等。

7.3.8　添加氛围指令

氛围指令可以指导AI模型为照片营造特定的氛围，通过营造与所要表达的情感相符的视觉氛围，来增强照片的表现力和观赏性，引起观众的兴趣和共鸣，从而让他们更愿意停留在照片中，感受其中所传达的情感和氛围。

指令：一条溪流在森林中的岩石之间流动，太阳在树后，照亮了树的某些部分，神秘的氛围，宁静的氛围。这是一张长曝光的超现实摄影作品，具有国家地理摄影风格。

用户可以输入指令，并设置"生图模型"为"图片2.0"、"图片比例"为16∶9，单击"立即生成"按钮，即可获得添加氛围指令生成的照片效果，如图7-27所示。

★ 专 家 提 醒 ★

常见的氛围指令包括浪漫氛围（romantic atmosphere）、神秘氛围（mysterious atmosphere）、宁静氛围（tranquil atmosphere）、欢乐氛围（joyful atmosphere）、怀旧氛围（nostalgic atmosphere）等。

图 7-27　添加氛围指令生成的照片效果

7.3.9　添加构图指令

构图是摄影创作中不可或缺的部分，它通过有意识地安排视觉元素来增强照片的感染力和视觉吸引力。在AI摄影中使用构图指令，同样也能够增强画面的视觉效果，传达出独特的观感和意义。

例如，引导线构图（Leading Lines）是指利用画面中的直线或曲线等元素来引导观众的视线，从而使画面在视觉上更为有趣、形象和富有表现力。

指令： 在茂密的山林中，一条公路蜿蜒曲折地向前延伸，宛如一条巨龙穿梭在绿色的海洋之中，航拍视角，引导线构图。

用户可以输入指令，并设置"生图模型"为"图片2.0"、"图片比例"为9∶16，单击"立即生成"按钮，即可获得添加构图指令生成的照片效果，如图7-28所示。

图 7-28　添加构图指令生成的照片效果

第 8 章　AI 美工设计的 4 个创作技巧

AI美工设计是一种融合了人工智能技术与美工设计理念的创新实践，它不仅为设计师提供了全新的创作方式和高效的工作流程，还推动了美工设计行业的持续发展和创新。本章以文心一格为例，对AI工具和设计技巧进行详细介绍。

8.1 了解文心一格

文心一格是百度推出的AI艺术和创意辅助平台，它能够根据用户的需求，完成商品图、艺术字和海报等图像的创作，显著提升了设计效率。另外，文心一格提供了更多样化的创意选项，能够帮助用户快速实现个性化设计。本节将带领用户认识文心一格网页版和手机版的页面与界面组成。

8.1.1 认识文心一格网页版

与文心一言一样，用户使用百度账号即可登录文心一格，进入其"首页"页面，单击页面中的"立即创作"按钮，即可进入"AI创作"页面，如图8-1所示，开始图像的设计。下面对"AI创作"页面中的各主要部分进行相关讲解。

扫码看视频

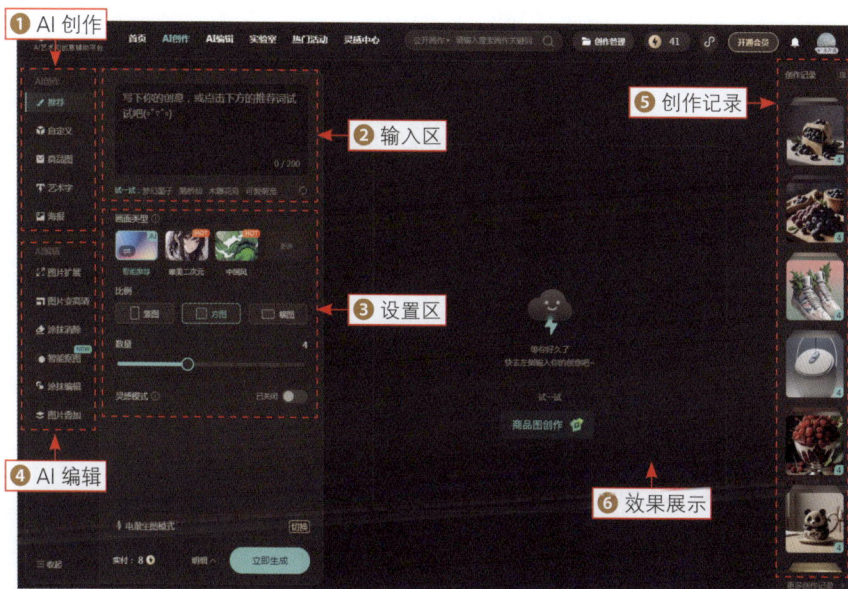

图8-1 "AI创作"网页页面

❶ AI创作：这是"AI创作"页面的核心功能，包括"推荐""自定义""商品图""艺术字""海报"等，可以利用AI技术自动生成相关的图像。

❷ 输入区：用户可以在此手动输入与图像主题相关的文字指令，也可以单击下方推荐的主题，将相关指令自动填入文本框中，以便AI了解需要的图像内容。

❸ 设置区：在设置区中，用户可以对生成图像的画面类型、比例和数量进行设置，还可以选择是否开启"灵感模式"功能，让AI对指令进行适当修改，以

获得更好的图像效果。

④ AI编辑：该区域提供了调整和优化AI图像的功能，包括"图片扩展""图片变高清""涂抹消除""智能抠图""涂抹编辑""图片叠加"等，允许用户进一步提升图像质量。

⑤ 创作记录：该区域会显示该账号生成的所有作品，用户可以进行查看和管理，有助于用户整理自己的创作成果，并方便日后回顾和复用。

⑥ 效果展示：在该区域中，用户可以查看和编辑生成的图像效果。

8.1.2 认识文心一格手机版

文心一格目前没有推出正式的App，但用户可以通过手机上的微信小程序来体验文心一格的创作功能。在"文心一格"小程序中，用户可以使用微信绑定的手机号完成登录，再在界面底部点击"AI创作"按钮，即可进入"AI创作"界面，如图8-2所示。下面对"AI创作"界面中的各主要部分进行相关讲解。

扫码看视频

图 8-2 "AI 创作"手机界面

① AI绘画：进入"AI创作"界面后，会默认进入"AI绘画"选项卡，用户可以在其中进行图像的生成。另外，用户切换至"AI艺术字"选项卡后，可以生成个性化的中文或英文艺术字效果。

❷ 输入区：用户需要在这里输入绘画的文字指令。

❸ 指令示例：文心一格会提供一些不同主题的指令示例，没有想好指令或者想体验绘画功能的用户可以选择其中一个示例，系统会自动填入相关指令，在进行设置后（也可以不进行设置），点击"立即生成"按钮，即可生成绘画作品。

❹ 设置区：在该区域中，用户可以对绘画作品的尺寸进行设置；也可以选择开启或关闭"灵感模式"，还可以上传参考图，实现以图生图。

❺ 立即生成：该区域会显示该账号当前的电量值和"立即生成"按钮，如果电量值充足，用户可以直接点击"立即生成"按钮进行生成；如果电量值不足，则需要用户通过完成任务、开通会员或直接购买来获得电量，以保证绘画的正常进行。

8.2　AI美工设计的4个创作技巧

在文心一格中，用户可以通过使用指令或参考图这两种方法来创作商品图；也可以让AI为白色背景的商品图重新生成背景；还可以用AI生成商品海报，从而大幅提高设计效率。本节主要介绍在文心一格中进行AI美工设计的相关技巧。

8.2.1　使用指令创作商品图

【效果展示】：在文心一格的"AI创作"页面中，用户可以输入文字指令，一键生成精美的商品图片，并将喜欢的图片下载到本地文件夹中，效果如图8-3所示。

扫码看视频

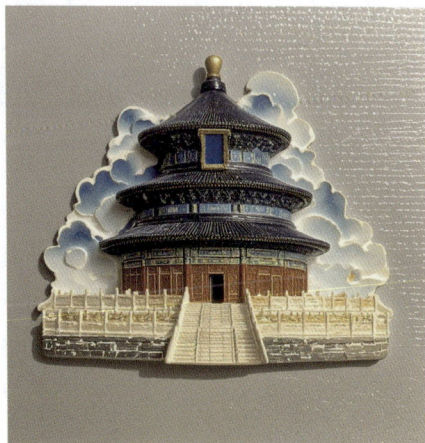

图 8-3　效果展示

下面介绍在文心一格中使用指令创作商品图的操作方法。

步骤 01 登录并进入文心一格的"首页"页面，单击"立即创作"按钮，如图8-4所示，即可进入"AI创作"页面。

步骤 02 在"AI创作"｜"推荐"选项卡中，❶输入文字指令；❷在"画面类型"选项区中选择"智能推荐"选项，如图8-5所示，修改图片的画面风格。

图 8-4 单击"立即创作"按钮

步骤 03 保持"比例"和"数量"的默认设置不变，单击"立即生成"按钮，如图8-6所示。

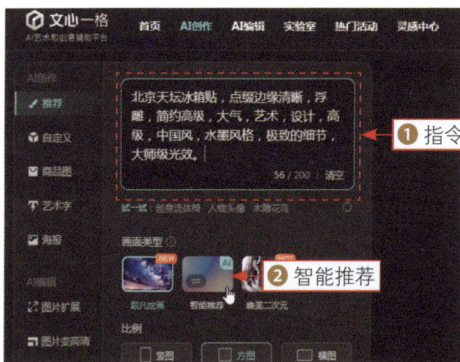

图 8-5 选择"智能推荐"选项　　　　图 8-6 单击"立即生成"按钮

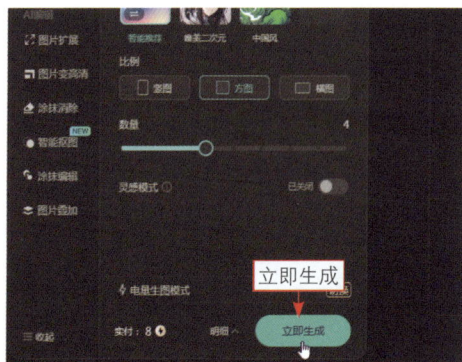

★ 专 家 提 醒 ★

文心一格中的画面类型是指用户可以选择的不同艺术创作风格，包括但不限于超凡绘画、智能推荐、唯美二次元、中国风和艺术创想等。这些画面类型为用户提供了多样化的创作选择，使用户能够根据自己的需求和喜好，生成具有独特风格的图像。画面类型的选择不仅影响图像的整体风格，还能激发用户的创意和想象力，为艺术创作提供新的思路和方向。

步骤 **04** 执行操作后，即可使用指令生成4张冰箱贴的商品图，效果如图8-7所示。

图8-7　生成4张冰箱贴的商品图

步骤 **05** 选择第1张图片，将其放大查看，单击图片右侧的"下载"按钮 📥，如图8-8所示，即可将第1张图片下载到本地文件夹中。

步骤 **06** 用同样的方法，选择第2张图片，将其放大查看，单击图片右侧的"下载"按钮 📥，如图8-9所示，即可将第2张图片下载到本地文件夹中。

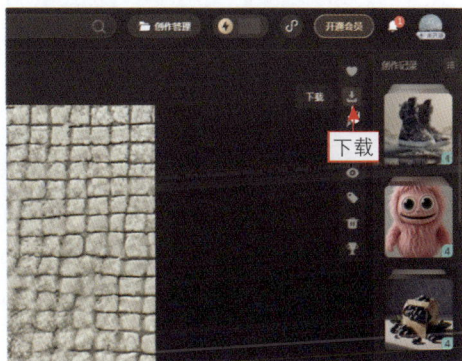

图8-8　单击"下载"按钮（1）

图8-9　单击"下载"按钮（2）

8.2.2　使用参考图创作商品图

【效果对比】：在文心一格的"AI创作"页面中，用户可以在输入文字指令后，上传一张合适的参考图，并设置相应的参数，让AI根据参

扫码看视频

考图创作相似的商品图。原图与生成的效果图对比如图8-10所示。

图 8-10　原图与生成的效果图对比

下面介绍在文心一格中使用参考图创作商品图的操作方法。

步骤01　在"AI创作"页面中，❶切换至"AI创作"|"自定义"选项卡；❷输入文字指令，如图8-11所示。

步骤02　❶设置"选择AI画师"为"具象"，修改生图风格；❷单击"上传参考图"下方的＋按钮，如图8-12所示。

图 8-11　输入文字指令

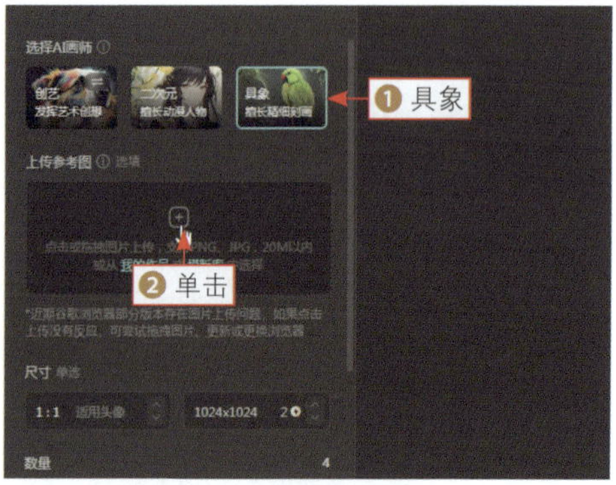

图 8-12　单击相应的按钮

★ 专家提醒 ★

当在文心一格中进行以图生图操作时，如果用户不输入文字指令，直接在上传参考图后单击"立即生成"按钮，页面会弹出"创意内容不可为空"的提示。只有再输入文字指令，才能进行图像的创作。

步骤 **03** 弹出"打开"对话框，❶选择图片；❷单击"打开"按钮，如图8-13所示，即可上传参考图。

步骤 **04** ❶设置"影响比重"参数为8，增强参考图对图片效果的影响；❷设置"数量"参数为2，如图8-14所示，修改图片的生成数量。

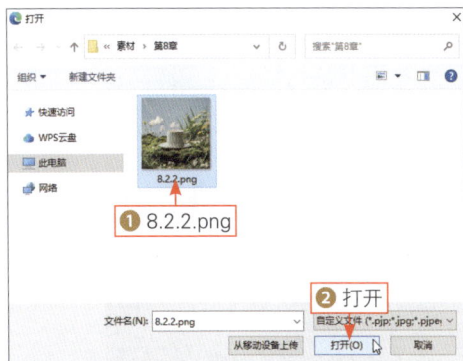

图 8-13　单击"打开"按钮

图 8-14　设置"数量"参数

步骤 **05** ❶单击"立即生成"按钮；❷即可生成两张与参考图非常相似的图片，如图8-15所示，用户可以将喜欢的图片，如第1张图片，下载到本地文件夹中。

图 8-15　生成与参考图非常相似的图片

8.2.3　为商品图更换背景

【效果对比】：文心一格的"商品图"功能可以帮助用户实现一键更换商品图背景，用户只需准备好一张清晰的商品图片即可。原图与效果图对比如图8-16所示。

扫码看视频

图 8-16　原图与效果图对比展示

下面介绍在文心一格中为商品图更换背景的操作方法。

步骤01 在"AI创作"页面中，❶切换至"AI创作"|"商品图"选项卡；❷单击▣按钮，如图8-17所示，弹出"打开"对话框。

步骤02 上传一张参考图，在弹出的面板中，❶通过单击鼠标的方式选择商品主体；❷单击"确定"按钮，如图8-18所示，AI会自动抠出并显示商品主体。

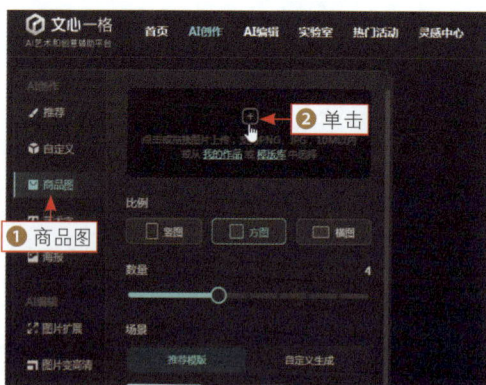

图 8-17　单击相应的按钮

图 8-18　单击"确定"按钮

步骤03 ❶设置"数量"参数为1，修改图片的生成数量；❷在"推荐模板"选项卡中选择"山顶岩石"选项，如图8-19所示，选择要生成的背景类型，单击"立即生成"按钮，即可生成一张全新背景的商品图。

8.2.4　创作商品海报

【效果展示】：文心一格的"海报"功能支持用户生成竖版或横版的海报，海报的主体和背景则需要用户通过文字指令进行描述，效果如图8-20所示。

扫码看视频

下面介绍在文心一格中创作商品海报的操作方法。

步骤01　在"AI创作"页面中，❶切换至"AI创作"|"海报"选项卡；在"排版布局"选项区中，❷选择"竖版9∶16"|"中心布局"选项，如图8-21所示，设置海报的尺寸和布局方式。

步骤02　❶分别在"海报主体"和"海报背景"下方的文本框中输入指令；❷设置"数量"参数为1，如图8-22所示，修改图片的生成数量，单击"立即生成"按钮，即可生成一张商品海报。

图 8-19　选择"山顶岩石"选项

图 8-20　效果展示

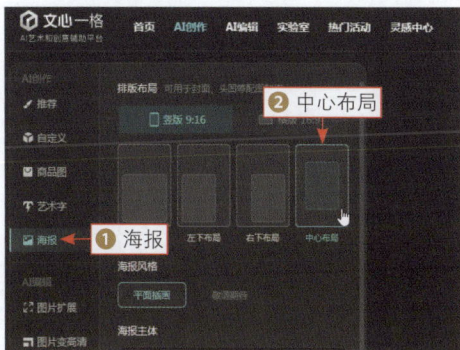

图 8-21　选择"中心布局"选项

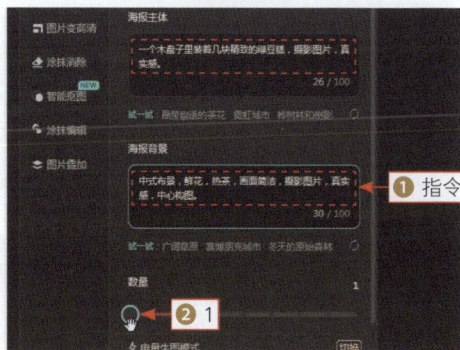

图 8-22　设置"数量"参数

【音乐视频篇】

第 9 章　AI 音乐的 6 个创作技巧

　　AI 不仅使音乐创作变得更加高效和多样化，还拓展了创作的边界和可能性，推动了音乐产业的创新与发展。本章对豆包、BGM猫和海绵音乐这3个工具的页面和创作技巧进行介绍，帮助用户生成个性化的AI音乐作品。

9.1 了解 AI 音乐创作工具

AI音乐是指利用人工智能技术进行创作、编曲、制作和表演的音乐形式。它能够模仿和生成各种音乐风格，快速定制旋律、和声及配乐，为用户提供了无限的可能性和便捷性。本节将对豆包、BGM猫和海绵音乐这3个AI音乐创作工具的页面与界面进行介绍。

9.1.1 认识豆包

豆包是由字节跳动公司开发的人工智能助手，它不仅可以进行自然语言对话和文本生成，还上线了"音乐生成"功能。该功能允许用户输入主题或自创歌词，并设定音乐风格、情绪和音色，然后一键生成约1分钟的原创歌曲。

豆包"音乐生成"功能的优势在于其智能化和个性化，能够根据用户输入的主题或歌词精准匹配音乐风格，确保生成的音乐作品与用户的期望高度契合，从而降低音乐创作的门槛。下面对豆包网页版、电脑版和手机版的页面与界面进行介绍。

（1）认识豆包网页版

用户登录并进入豆包首页后，需要单击"更多"|"音乐生成"按钮，才能进入"音乐生成"页面，进行AI音乐的创作，如图9-1所示。下面对"音乐生成"页面中的各主要部分进行相关讲解。

扫码看视频

图 9-1 豆包网页版的"音乐生成"页面

❶ 导航栏：该区域包含"AI搜索""帮我写作""图像生成""AI阅读""语音通话""最近对话""我的智能体""收藏夹"等标签，可以帮助用户前往所需页面。

❷ 灵感区：这里展示了其他人分享的AI音乐作品，用户可以从中获取音乐创作灵感，例如将鼠标指针移至喜欢的作品上，单击显示的"做同款"按钮，会自动填入指令并设置相同的参数，单击"发送"按钮↑，即可生成相关的音乐作品。

❸ 设置区：该区域是用户生成音乐的关键，用户需要在此输入歌词或主题，并设置音乐风格、情绪和音色，然后单击"发送"按钮↑，发送设置的所有参数，即可让AI生成需要的音乐。

（2）认识豆包电脑版

对于需要长时间在电脑上进行工作、学习，且对功能要求较高的用户，豆包特意推出了电脑版，用户只需下载对应版本的客户端，即可在电脑中享受更加高效、智能、个性化的服务。

扫码看视频

以下载Windows客户端为例，用户只需在豆包网页版首页左下角的"下载Windows客户端"按钮上单击，下载客户端的安装包，在安装包上单击鼠标右键，在弹出的快捷菜单中选择"打开"命令，根据提示进行操作，即可完成豆包电脑版的安装。

相比于豆包网页版，豆包电脑版具有诸多显著、独特的功能，能更好地满足用户在复杂工作场景和多样化需求下的使用要求。不过，豆包电脑版的"音乐生成"界面和网页版的布局和功能基本相同，如图9-2所示，因此不管用户是使用电脑版还是使用网页版，进行AI音乐创作的操作都是一样的。

图 9-2　豆包电脑版的"音乐生成"界面

（3）认识豆包手机版

用户下载并安装豆包手机版后，可以使用抖音账号或手机号完成登录，进入"豆包"对话界面，在底部显示的功能中点击"音乐生成"按钮，如图9-3所示。

执行操作后，会弹出"音乐生成"面板，如图9-4所示，用户可以在其中完成AI音乐创作的相关设置。下面对"音乐生成"面板中的各主要部分进行相关讲解。

图9-3　点击"音乐生成"按钮

图9-4　弹出"音乐生成"面板

❶ 退出 ×：点击该按钮，即可退出"音乐生成"面板。

❷ 模板区：在该区域中，用户可以选择喜欢的模板；也可以点击第1个图标，进入"模板"界面，查看和选择更多模板。

❸ 设置区：用户可以点击"氛围"或"人声"右侧的下拉按钮，在弹出的下拉列表框中选择合适的音乐氛围和人声。

❹ 歌词区：用户可以输入主题，让AI同时完成歌词和音乐的创作；也可以切换至"自定义歌词"选项卡，输入准备好的歌词或让AI随机生成歌词，再进行音乐的创作。

★ 专家提醒 ★

需要注意的是，豆包每次只能生成一首歌曲，并且不支持再次生成，因此如果用户对生成的歌曲不满意，需要重新进行输入和设置。

9.1.2　认识 BGM 猫

　　BGM猫是北京灵动音科技有限公司推出的一款在线AI智能背景音乐生成器，它利用人工智能技术，让用户通过选择音乐时长、场景、风格和心情等标签，一键生成与之相匹配的高质量背景音乐。它的音乐生成功能强大且灵活，支持生成1秒到5分钟等多种风格的音乐，如史诗、爵士、轻音乐、电子、古风等，满足不同的创作需求。

★ 专家提醒 ★

　　BGM的英文全称为background music，意为背景音乐。

　　BGM猫的优势在于其智能化的操作简单、快捷，无须专业知识即可轻松上手，大大提高了音乐制作的效率，并且支持商用，为音乐爱好者、设计师、广告人员及影视制作人员等提供了无限创作可能。

　　不过，目前BGM猫只有网页版，用户登录后可以在其首页进行不限次数的音乐生成，如图9-5所示。下面对BGM猫首页的各主要部分进行相关讲解。

图 9-5　BGM 猫首页

　　❶ 功能列表：用户可以单击任意按钮，进入对应的页面。其中，单击 🏠 按钮可以返回首页，进行AI音乐创作；单击 ♥ 按钮可以进入"收藏"页面，查看用户收藏的歌曲；单击 📄 按钮可以进入"关于我们"页面，了解BGM猫的相关信息或提交反馈意见；单击 👤 按钮可以进入"个人中心"页面，查看账号信息，以及生成和购买音乐的数据。

　　❷ 视频配乐：进入BGM猫首页后，默认显示"视频配乐"选项卡，用户可

以在此生成30秒～5分钟的纯音乐；切换至"片头音乐"选项卡，用户可以生成1～30秒的纯音乐。

❸ 输入时长：用户需要先单击对应位置的0，确认其为可编辑状态后，才能输入需要的时长数字。

❹ 设置区：不管是生成视频配乐还是生成片头音乐，设置区的内容是相同的。用户需要先选中"输入描述"或"选择标签"复选框，再输入对应的描述语或单击对应的标签，完成设置。

❺ 生成：完成所有设置后，单击该按钮，即可开始创作音乐，并在其下方显示生成的音乐。

9.1.3　认识海绵音乐

海绵音乐是由字节跳动公司推出的AI音乐创作平台，它支持灵感创作和自定义创作两种模式，用户可以通过输入关键词或一句话灵感快速生成音乐作品，也可以自定义音乐的旋律、节奏、和声及歌词等。下面对海绵音乐网页版和手机版的页面与界面进行介绍。

（1）认识海绵音乐网页版

用户登录并进入海绵音乐网页版后，只需在左侧的导航栏中单击"创作"按钮，即可进入"创作"页面，进行AI音乐的创作，如图9-6所示。下面对"创作"页面中的各主要部分进行相关讲解。

扫码看视频

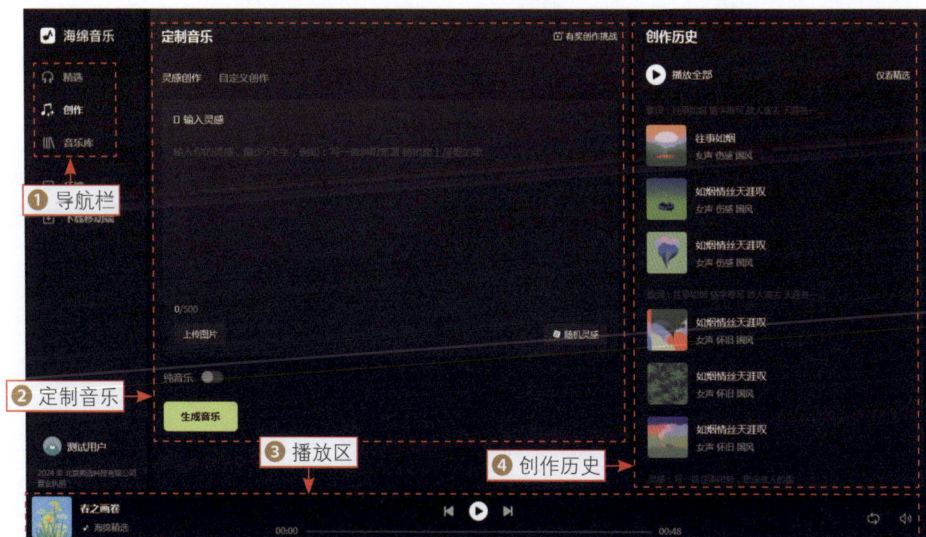

图9-6　"创作"页面

❶ 导航栏：用户通过单击导航栏中的按钮，可以进入对应的页面进行操作。例如，进入"精选"页面，可以查看系统推荐的音乐；进入"创作"页面，可以创作属于自己的音乐作品；进入"音乐库"页面，可以查看过往创作和点赞的音乐作品。

❷ 定制音乐：在该区域中，用户可以通过"灵感创作"选项卡或"自定义创作"选项卡中的功能进行音乐的生成。以"灵感创作"选项卡为例，用户可以通过输入文字灵感、使用平台提供的随机灵感或上传图片来生成音乐或纯音乐。

❸ 播放区：用户可以选择感兴趣的音乐作品进行试听，试听时，播放区中会显示作品名称、作者昵称、作品时长和播放进度，用户可以在其中切换播放的音乐作品、暂停或开始播放、设置播放模式和调整音量大小。

❹ 创作历史：该区域默认显示用户创作的所有音乐作品，单击"播放全部"按钮，可以按顺序播放所有歌曲；单击"仅看精选"按钮，该区域中只会显示所有进入过首页精选的歌曲。

（2）认识海绵音乐手机版

用户登录并进入海绵音乐手机版后，在"音乐"界面的底部点击 [＋]AI 按钮，即可进入音乐生成界面，创作属于自己的歌曲，如图9-7所示。下面对音乐生成界面中的各主要部分进行相关讲解。

扫码看视频

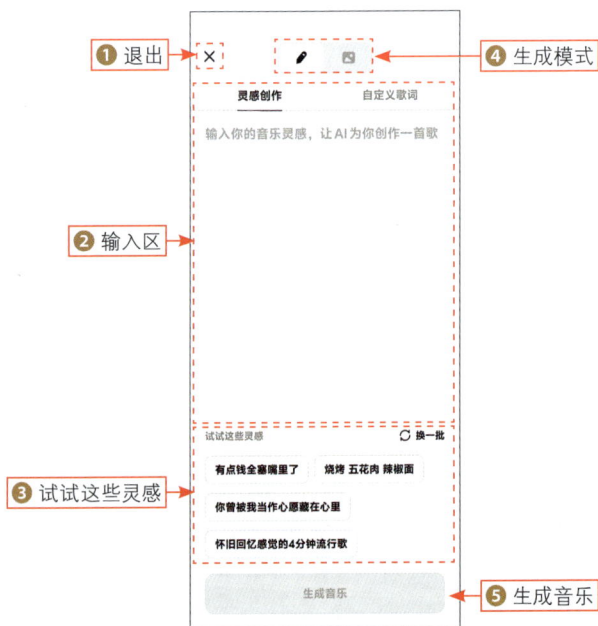

图9-7　音乐生成界面的组成

❶ 退出✕：点击该按钮，即可退出音乐生成界面，返回"音乐"界面，查看系统推荐的优秀音乐作品。

❷ 输入区：在文字生成模式✐下，输入区会显示"灵感创作"选项卡和"自定义歌词"选项卡。其中，在"灵感创作"选项卡中，用户需要输入音乐灵感，让AI根据灵感生成歌词和音乐；在"自定义歌词"选项卡中，用户需要输入歌词，并设置曲风、心情和音色，从而一键生成音乐作品。

❸ 试试这些灵感：在该区域中，系统会推荐一些热门灵感，用户可以选择感兴趣的灵感，进行生成。

❹ 生成模式：海绵音乐提供了两种生成模式，一种是文字生成模式✐，另一种是图片生成模式▣。用户需要先点击相应的按钮，切换至对应的生成模式，再输入文字或上传图片进行音乐的生成。

❺ 生成音乐：不管是文字生成模式✐还是图片生成模式▣，用户完成输入和设置后，点击该按钮即可开始进行生成。

9.2　豆包创作AI音乐的2个技巧

用户使用豆包创作AI音乐有两种方式，第1种是输入主题并设置音乐的风格、情绪和音色，让AI根据主题和设置的参数创作歌词和歌曲；第2种是输入准备好的歌词，并设置好音乐参数，让AI进行创作。本节将介绍这两种方法的操作技巧。

9.2.1　让AI创作歌词和歌曲

用户在让AI创作歌词和歌曲时，要精准地概括并描述出歌词和歌曲的主题，以便AI能够理解用户的需求，创作出动人的音乐，下面介绍具体的操作方法。

扫码看视频

步骤01 登录并进入豆包首页，单击"更多"按钮，如图9-8所示，展开所有技能。

步骤02 单击"音乐生成"按钮，如图9-9所示。

步骤03 进入"音乐生成"页面，在设置区中，❶输入"七夕情人节"；❷单击"流行"右侧的下拉按钮；❸在弹出的风格下拉列表框中，选择"国风"选项，如图9-10所示，修改歌曲的音乐风格。

步骤04 用同样的方法，设置"情绪"为"浪漫"，如图9-11所示，修改歌曲传达的情绪。

图 9-8　单击"更多"按钮

图 9-9　单击"音乐生成"按钮

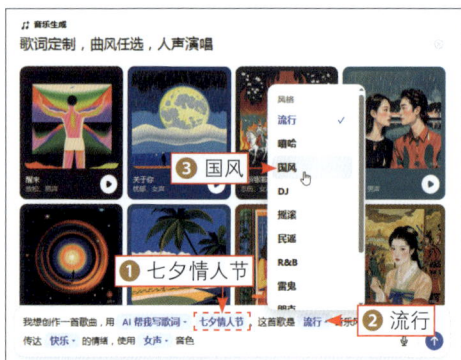

图 9-10　选择"国风"选项

图 9-11　设置"情绪"为"浪漫"

步骤 05 单击"发送"按钮⬆，即可发送输入的主题和设置的参数，让AI创作歌曲，单击歌曲右上角的▶按钮，如图9-12所示，即可试听歌曲。

步骤 06 如果用户对歌曲满意，可以单击歌曲左下角的⬇按钮，如图9-13所示，将歌曲下载到本地文件夹中。

图 9-12　单击相应的按钮（1）

图 9-13　单击相应的按钮（2）

★ 专家提醒 ★

在用豆包创作歌曲时，会生成歌曲封面和背景图，但是用户下载的歌曲视频中是没有封面和背景图的，如果用户有需求，可以对歌曲视频进行编辑和美化。

9.2.2　让AI根据歌词创作歌曲

如果用户已经有了歌词，或者对歌词有更具体的要求，可以先自行准备好歌词，让豆包根据提供的歌词和设置的参数进行音乐创作，下面介绍具体的操作方法。

扫码看视频

步骤01 在上一例对话页面的左上方，单击"新对话"按钮，如图9-14所示。

步骤02 执行操作后，即可新建一个对话，并进入新的对话页面，❶在底部的输入框中输入指令；❷单击"发送"按钮↑，如图9-15所示。

图 9-14　单击"新对话"按钮　　　图 9-15　单击"发送"按钮（1）

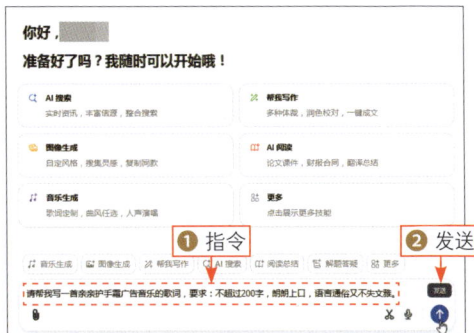

步骤03 执行操作后，即可让豆包根据要求创作歌词，相关回复内容如下。

提问

请帮我写一首亲亲护手霜广告主题曲的歌词。要求：不超过200字，朗朗上口，语言通俗又不失文雅。

豆包

【亲亲护手霜之歌】

轻轻一抹，温柔如初春阳光，

呵护双手，爱在指尖轻轻唱。

细腻如丝，滋润了时光的痕迹，

亲亲护手霜，守护你的日常美丽。

晨露微凉，夜风轻拂过掌，

是它，给予温暖拥抱的想象。

花香四溢，悄悄藏进梦的篇章，

每一次触碰，都是爱的诗行。

不凡日常，因你而闪耀光芒，

亲亲护手霜，让爱随行，优雅绽放。

步骤 04 ❶在回复下方单击"复制"按钮 ⎘，复制AI创作的歌词；❷单击输入框上方的"音乐生成"按钮，如图9-16所示。

步骤 05 弹出相应的面板，❶单击"AI帮我写歌词"右侧的下拉按钮；❷在弹出的列表框中选择"自定义歌词"选项，如图9-17所示，即可弹出"歌词"对话框。

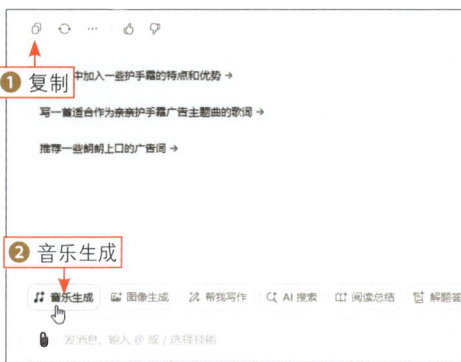

图 9-16 单击"音乐生成"按钮

图 9-17 选择"自定义歌词"选项

步骤 06 按【Ctrl+V】组合键，将复制的歌词粘贴在文本框中，如图9-18所示。

步骤 07 删除歌词中多余的内容，单击"确认"按钮，即可上传歌词，单击"发送"按钮 ↑，如图9-19所示。

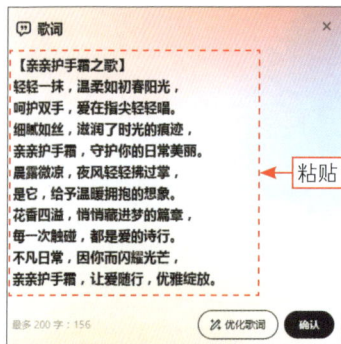

图 9-18 粘贴歌词

图 9-19 单击"发送"按钮（2）

步骤 08 稍等片刻，即可获得AI创作的护手霜广告主题曲，效果如图9-20所示。

图 9-20　获得 AI 创作的护手霜广告主题曲

★ 专家提醒 ★

AI在生成歌曲的过程中，可能会对用户提供的歌词进行修改。

9.3　BGM 猫创作 AI 音乐的 2 个技巧

BGM猫目前只支持生成纯音乐，用户可以将其作为视频配乐或片头音乐，从而提升视频的听觉体验。除此之外，使用AI创作的音乐更具独特性和个性，可以增加视频的新意。本节介绍使用BGM猫创作AI音乐的操作技巧。

9.3.1　创作视频配乐

视频配乐不仅是视频的背景声音，也是视频叙事的重要组成部分。它不仅能够增强观众的情感体验，还能深刻影响视频的整体氛围、节奏和信息传达效果。使用BGM猫，用户可以轻松创作出特定主题的视频配乐，下面介绍具体的操作方法。

扫码看视频

步骤 01 登录并进入BGM猫首页，在"视频配乐"选项卡中，设置"输入时长"为1:00，如图9-21所示，让AI生成1分钟的音乐。

步骤 02 ❶选中"选择标签"复选框；❷选择"风格"选项卡中的"古风"标签，如图9-22所示，设置音乐风格。

图 9-21　设置"输入时长"

图 9-22　选择"古风"标签

★ 专 家 提 醒 ★

　　用户在进行音乐创作时，也可以不选中复选框，直接输入需要的音乐主题或选择标签进行生成。需要注意的是，在使用标签生成音乐时，用户最少要选择一个标签，最多只能选择3个标签，并且每个选项卡只能选择一个标签。

　　步骤03 ❶切换至"场景"选项卡；❷选择"宣传片"标签，如图9-23所示，设置音乐的应用场景。

　　步骤04 用同样的方法，在"心情"选项卡中选择"大气磅礴"标签，如图9-24所示，设置音乐的情感。

图 9-23　选择"宣传片"标签

图 9-24　选择"大气磅礴"标签

　　步骤05 ❶单击"生成"按钮，即可生成用户需要的视频配乐；❷在音乐的右侧单击⬇按钮；❸在弹出的面板中单击"试听下载"右侧的MP3按钮，如图9-25所示，即可下载MP3格式的音乐。

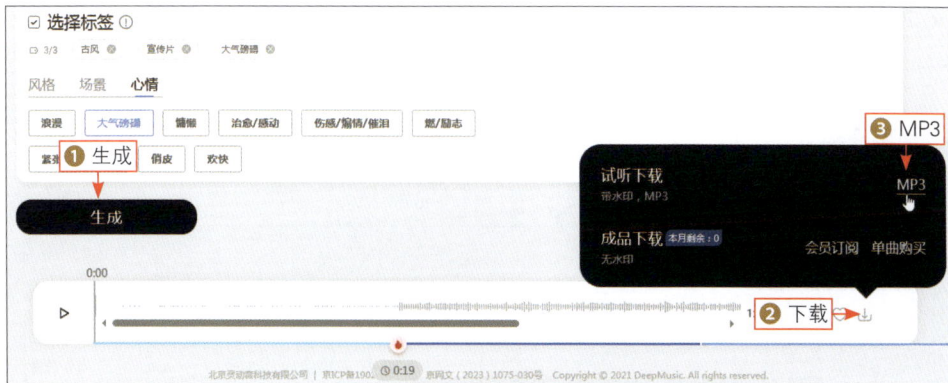

图 9-25　单击 MP3 按钮

★ 专 家 提 醒 ★

　　如果用户想下载无水印的音乐，或者将音乐用在商业场景中，可以单击"成品下载"右侧的"会员订阅"或"单曲购买"按钮，了解成品音乐的下载方式。

9.3.2　创作片头音乐

　　片头音乐不仅能够迅速吸引观众的注意力，营造特定的情感氛围和视觉期待，还能够深刻反映视频的主题风格与基调，为视频的叙事节奏和情绪铺垫奠定坚实的基础。使用BGM猫，用户可以轻松创作出特定主题的片头音乐，下面介绍具体的操作方法。

扫码看视频

　　步骤01 ❶切换至"片头音乐"选项卡；❷设置"输入时长"为"30秒"，如图9-26所示，让AI生成30秒的音乐。

　　步骤02 ❶选中"输入描述"复选框；❷输入音乐的主题，如图9-27所示。

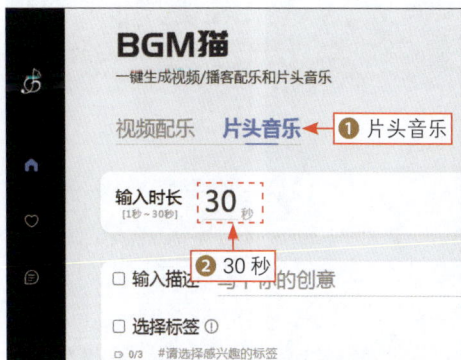

图 9-26　设置"输入时长"

图 9-27　输入相应的内容

★ 专家提醒 ★

vlog的英文全称为video blog或video log，意为视频博客、视频网络日志。

步骤 03 ❶单击"生成"按钮，即可生成一段片头音乐；❷单击▷按钮，如图9-28所示，即可试听音乐。

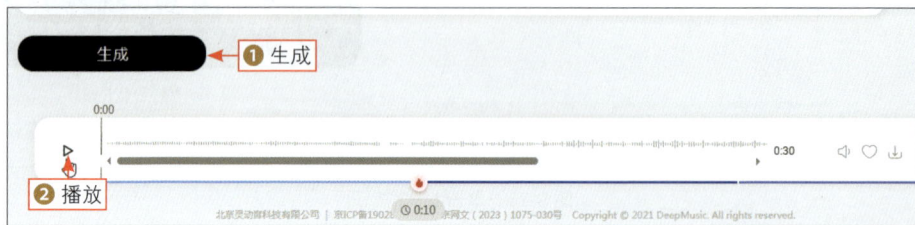

图 9-28　单击相应的按钮

9.4　海绵音乐创作 AI 音乐的 2 个技巧

在海绵音乐中，用户不仅可以输入文本来创作歌曲；还可以上传图片，让AI根据图片来生成歌曲。本节介绍使用海绵音乐创作AI音乐的操作技巧。

9.4.1　输入文本创作歌曲

【效果展示】：在海绵音乐中，用户可以输入的文本包括文字灵感和歌词这两类。其中，文字灵感需要包含用户对歌曲的所有要求，包括主题、风格、音色和情绪等，而歌词则需要在500字以内。输入文本创作的音乐视频效果如图9-29所示。

下面介绍输入文本创作歌曲的操作方法。

步骤 01 登录并进入海绵音乐的"精选"页面，在左侧的导航栏中单击"创作"按钮，如图9-30所示，即可进入"创作"页面。

扫码看视频

图 9-29　音乐视频效果

步骤02 ❶切换至"自定义创作"选项卡；❷输入歌词内容，如图9-31所示。

图9-30 单击"创作"按钮

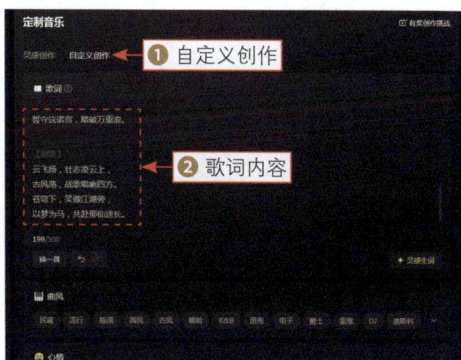

图9-31 输入歌词内容

★ 专家提醒 ★

如果用户没有准备好歌词，可以在"灵感创作"选项卡中输入文字灵感进行生成；也可以单击图9-32中的"一键生词"按钮，让AI随机生成歌词；还可以单击"灵感生词"按钮，让AI根据要求写作歌词。

步骤03 在"曲风"选项区中，❶单击■按钮，将所有选项显示出来；❷选择"国风电子"选项，如图9-33所示，设置音乐的曲风。

图9-32 单击"一键生词"按钮

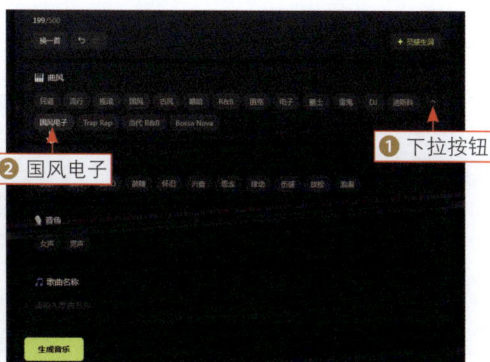

图9-33 选择"国风电子"选项

步骤04 用与上面相同的方法，❶设置"心情"为"活力"、"音色"为"男声"；❷单击"生成音乐"按钮，如图9-34所示。

步骤05 执行操作后，海绵音乐会根据歌词和设置的参数生成3首歌曲，❶将鼠标指针移动至第1首歌曲右侧的■按钮上；❷在弹出的面板中单击"下载视频"按钮，如图9-35所示，即可将喜欢的音乐视频下载到本地文件夹中。

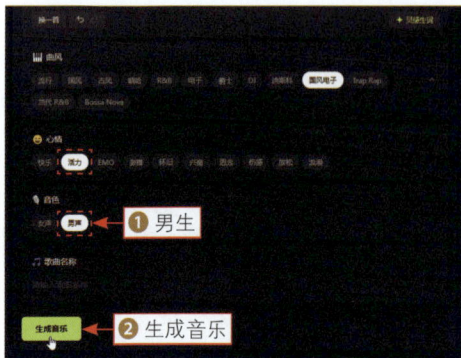

图 9-34　单击"生成音乐"按钮

图 9-35　单击"下载视频"按钮

★ 专家提醒 ★

　　国风电子是一种融合了中国传统音乐元素与现代电子音乐制作技术的曲风。它将古筝、二胡等传统国风乐器与电子合成器、节奏节拍等现代电子音乐元素相结合，创造出既有古典韵味又不失现代感的音乐风格，展现出独特的东方魅力。

9.4.2　上传图片创作歌曲

　　【效果展示】：目前，海绵音乐只支持在"灵感创作"选项卡中上传图片进行创作。另外，用户上传图片后，也可以适当输入一些文本来描述自己的需求，从而避免AI生成的歌曲出现跑题的情况。上传图片创作的音乐视频效果如图9-36所示。

扫码看视频

　　下面介绍上传图片创作歌曲的操作方法。

　　步骤 01 在"创作"页面的"灵感创作"选项卡中，单击"上传图片"按钮，如图9-37所示。

图 9-36　音乐视频效果

步骤 02 弹出"打开"对话框，❶选择图片；❷单击"打开"按钮，如图9-38所示，即可将其上传，并返回"灵感创作"选项卡。

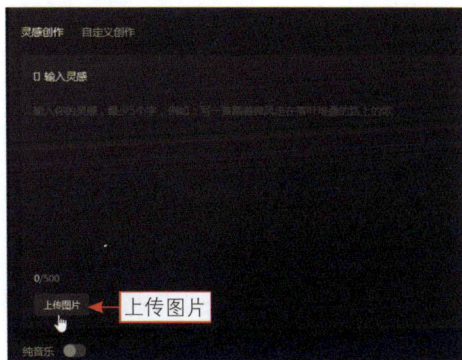

图 9-37　单击"上传图片"按钮

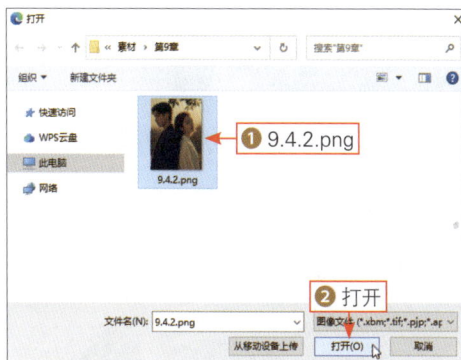

图 9-38　单击"打开"按钮

步骤 03 ❶在图片下方输入补充文本；❷单击"生成音乐"按钮，如图9-39所示，即可获得AI创作的3首歌曲。

步骤 04 ❶将鼠标指针移动至第1首歌曲右侧的 ☑ 按钮上；❷在弹出的面板中单击"下载视频"按钮，如图9-40所示，即可将喜欢的音乐视频下载到本地文件夹中。

图 9-39　单击"生成音乐"按钮

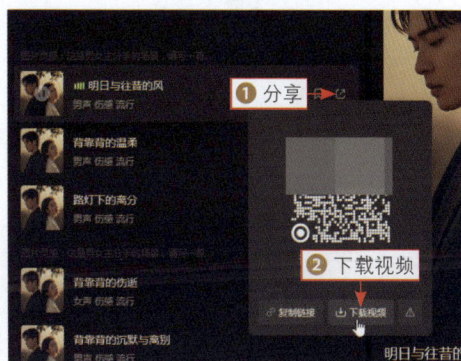

图 9-40　单击"下载视频"按钮

第 10 章　AI 短视频的 6 个生成技巧

　　AI短视频生成技术不仅简化了烦琐的制作流程，还使得用户能够轻松实现个性化定制，从而有效地提升了短视频内容的吸引力和传播效果。本章对即梦AI、剪映和可灵AI这3个工具的页面和生成技巧进行介绍，帮助用户生成精美的AI短视频。

10.1　了解 AI 短视频生成工具

　　AI短视频是一种利用人工智能技术自动生成、编辑和优化的视频形式。通过深度学习和数据分析，AI能够高效地将原始素材转化为富有创意的短视频，不仅提升了视频制作的效率和质量，还为用户提供了个性化、定制化的观看体验。本节将对即梦AI、剪映和可灵AI这3个AI短视频生成工具的页面与界面进行介绍。

10.1.1　认识即梦 AI

　　即梦AI是字节跳动推出的一站式AI创意生成平台，支持通过自然语言及图片输入生成高质量的图像及视频，提供智能画布、故事生成模式及多种AI编辑能力，旨在降低创意门槛，激发用户的想象力。在前面的章节中对即梦AI的图像生成功能进行了详细介绍，下面对其AI短视频生成功能进行具体介绍。

扫码看视频

　　（1）了解文生视频功能

　　文生视频（又称为文本生视频）功能将文生图的概念扩展到了动态视觉艺术领域，用户可以输入一系列描述性语句（即指令），AI会将这些语句转化为一个视频片段。在即梦AI首页的"AI视频"选项区中单击"视频生成"按钮，即可进入"视频生成"页面，切换至"文本生视频"选项卡，即可查看即梦AI网页版的文生视频功能，如图10-1所示。下面对其各主要部分进行相关讲解。

图 10-1　即梦 AI 网页版的文生视频功能

❶ 文本框：这里是用户输入文字指令的区域。在即梦AI中，用户可以输入中文或英文指令进行视频的生成。

❷ 设置区：在该区域中，用户可以对生成视频的运镜方式、运动速度、生成模式、视频时长和比例等参数进行设置。参数设置不会影响短视频的生成，但可以优化生成的视频效果，因此用户可以根据自己的需求进行操作。

❸ 生成：完成指令输入和参数设置后，用户可以单击"生成视频"按钮，让AI开始生成视频。另外，在该区域中用户可以查看积分消耗的明细，也可以先选中"快速预览"复选框，再单击"生成视频"按钮，让AI生成预览视频。预览视频的分辨率比正式视频的分辨率要低，但生成速度会更快、花费的积分也更少，用户可以根据实际需求进行选择。

❹ 效果展示：使用文字指令生成的视频效果都会显示在该区域中，用户单击视频，即可将其放大查看。另外，单击视频下的"重新编辑"按钮🖉、"再次生成"按钮🔁、"发布"按钮⬆、"视频延长"按钮🔍、"对口型"按钮👄、"补帧"按钮◈、"提升分辨率"按钮HD、"AI配乐"按钮🎵或"查看更多"按钮⋯，可以对视频效果进行编辑和优化。

即梦AI手机版的文生视频功能与网页版的相似，不过缺少了一些视频编辑功能。图10-2所示为即梦AI手机版的文生视频功能界面，下面对其各主要部分进行相关讲解。

图 10-2　即梦 AI 手机版的文生视频功能界面

❶ 效果展示：用户生成的所有视频都将在该区域中显示。除了查看视频效果，用户还可以点击"重新编辑"按钮，对指令和参数进行调整；或者点击"再次生成"按钮，使用相同的指令和参数再生成一个短视频。

❷ 输入区：该区域包含█按钮、文本框、█按钮、█按钮和█按钮这5个部分，各部分的功能在7.1.2节中进行了详细介绍，这里不再赘述。

❸ 参数设置：在该区域用户可以对生成视频的时长、运镜方式和比例进行设置，以获得满意的视频效果。

（2）了解图生视频功能

扫码看视频

图生视频（又称为图片生视频）功能允许用户上传一张或多张图片，而AI会将这些静态图像转化为一段视频。即梦AI网页版的图生视频功能可以分为参考图模式和首尾帧模式这两种，如图10-3所示，下面对这两种模式进行介绍。

❶ 参考图模式：在该模式中，用户只需上传一张图片，该图片会成为视频生成的参考图和首帧画面。上传完成后，用户可以选择性地输入文字指令并设置相应的参数，再单击"生成视频"按钮，进行生成。

❷ 首尾帧模式：单击"使用尾帧"按钮，开启该功能，即可进入首尾帧模式。用户需要上传两张图片作为视频的首帧和尾帧画面，以进行视频的生成。这两张图片最好尺寸相同、画面内容的差异小，这样生成的视频才会更加自然、流畅。

❶ 参考图模式　　　❷ 首尾帧模式

图10-3　即梦AI网页版图生视频功能界面的组成

除了部分参数不同，网页版的图生视频功能与手机版的基本相同。图10-4所示为即梦AI手机版的图生视频功能界面。

参考图模式　　　　　　　　　首尾帧模式

图 10-4　即梦 AI 手机版图生视频功能界面的组成

★ 专 家 提 醒 ★

　　在进行图生视频时，除了需要上传图片，输入指令和设置参数的步骤与文生视频中的步骤是一致的，因而此处不再赘述。

10.1.2　认识剪映

　　剪映是一款由抖音官方推出的视频编辑工具，它不仅具备全面的剪辑功能，还为人们生成AI短视频提供了更加便捷、高效的功能，帮助用户轻松实现短视频的生成。下面对剪映电脑版和手机版的界面进行介绍。

　　（1）认识剪映电脑版

　　剪映电脑版，即剪映专业版，是一款全能、易用的桌面端视频剪辑软件，适用于Windows和macOS系统。用户在剪映官网中完成电脑版的下载和安装后，即可进入剪映电脑版的"首页"界面，如图10-5所示。下面对"首页"界面中的各主要部分进行相关讲解。

扫码看视频

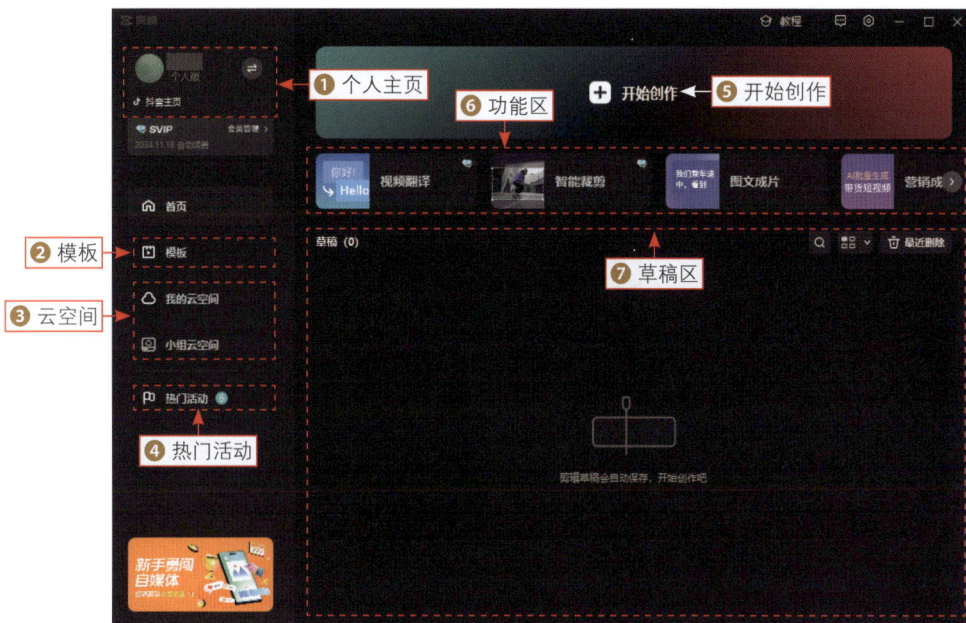

图 10-5　"首页"界面

❶ 个人主页：单击该按钮，即可进入个人主页，用户可以在此查看发布的素材、收藏的内容和购买的模板。

❷ 模板：单击该按钮，会进入"模板"界面，用户可以根据自身需求，选择相应的模板进行视频制作。

❸ 云空间：云空间包括"我的云空间"和"小组云空间"这两个板块，用户将视频上传至"我的云空间"，可以将视频进行云端备份；而"小组云空间"则是一个专为团队协作设计的功能，可以用于团队协作与共享、存储空间扩容等。

❹ 热门活动：单击该按钮，即可进入"热门活动"界面，用户可以参与各类投稿活动。

❺ 开始创作：这是"首页"界面的主要功能之一，单击该按钮，即可进入创作界面，进行视频编辑和生成。

❻ 功能区：这里展示了剪映丰富的功能，例如视频翻译、智能裁剪、图文成片、营销成片、生成脚本和一起拍，单击相应的按钮，即可体验对应的功能。

❼ 草稿区：用户剪辑或生成的视频会自动保存在此处，但仅限于本地保存，如果用户卸载该应用时选择不保留用户数据或者换一台电脑设备登录，将会看不到这些本地视频草稿。

（2）认识剪映手机版

剪映手机版的AI短视频生成功能更加丰富、多样，用户可以借助强大的AI技术，一键完成各类视频的生成。其中，"剪辑"界面是进入剪映手机版后显示的第1个界面，也是用户进行AI短视频生成时常用的一个界面，如图10-6所示。下面对"剪辑"界面中的各主要部分进行相关讲解。

图 10-6 "剪辑"界面

❶ 功能区：其中包括多种剪映功能，如一键成片、营销成片、图文成片、AI配旁白等，点击相应的按钮，即可开始生成视频与图片效果。

❷ 开始创作：点击该按钮，即可开始导入照片或视频素材，进行内容生成。

❸ AI帮你创作营销视频：在该区域中，用户可以点击相应的按钮，生成推广商品或门店的营销视频；也可以点击▶按钮，进入"AI帮你创作营销视频"界面，查看和使用更多营销视频模板。

❹ 本地草稿：这是一个草稿箱，其中显示了用户生成过的所有视频内容。如果用户需要继续编辑之前保存的草稿，只需在"本地草稿"中选择相应的项目，即可快速进入编辑状态，无须从头开始编辑视频。

❺ 导航栏：导航栏中包括"剪辑""剪同款""草稿""我的"这4个功能标签，点击相应的标签可以切换至对应界面，进行视频的生成和编辑。

10.1.3 认识可灵 AI

可灵AI是快手团队开发的一款先进的人工智能视频生成工具，它能够根据用户输入的文本、图像等提示，结合自研的3D时空注意力机制和扩散变压器技术，生成高质量的动态视频，并支持图生视频、视频续写等多种功能，广泛应用于娱乐、营销、教育等多个领域。下面对可灵AI网页版和手机版的页面和界面进行介绍。

（1）认识可灵AI网页版

可灵AI网页版，即可灵AI官网，用户使用手机验证或快手App扫码完成登录后，在"首页"页面单击"AI视频"按钮，即可进入"AI视频"页面，如图10-7所示，在其中可以借助可灵大模型进行AI短视频的生成。下面对"AI视频"页面中的各主要部分进行相关讲解。

扫码看视频

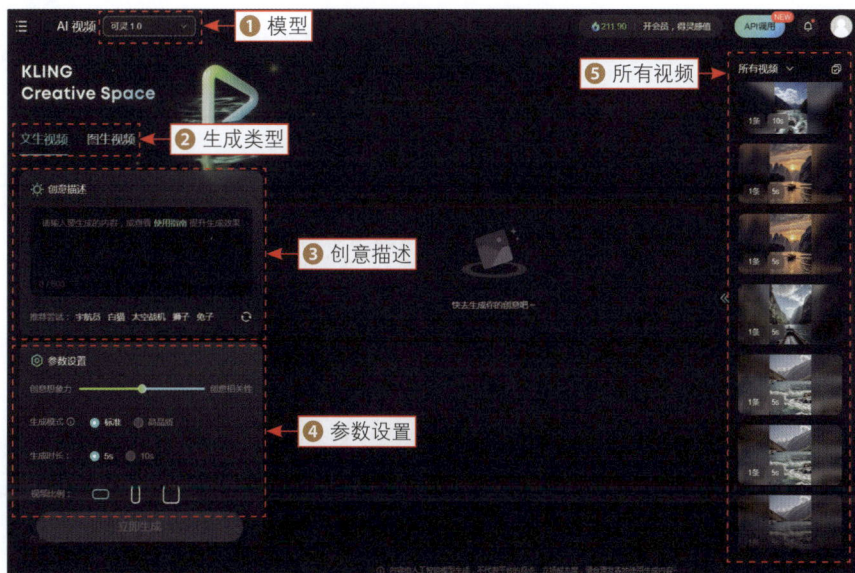

图 10-7 "AI 视频"页面

❶ 模型：可灵AI推出了"可灵1.0"和"可灵1.5"这两个视频生成模型，两者支持的功能和生成质量各不相同，用户可以选择合适的模型进行生成。

❷ 生成类型：用户可以单击"文生视频"或"图生视频"按钮，切换至对应的选项卡进行视频的生成。

❸ 创意描述：在"文生视频"选项卡中，用户需要在此输入文字指令或使用系统推荐的指令，以进行视频的生成。

❹ 参数设置：在该板块中，用户可以对创意想象力和创意相关系的侧重参数，以及视频的生成模式、时长和比例等参数进行设置。另外，在"参数设置"板块下方，还有"运镜控制""不希望呈现的内容"等板块，以满足用户更具体、更详细的视频需求。

❺ 所有视频：用户可以在该区域随时查看所有AI短视频的生成记录。

★ 专家提醒 ★

创意想象力和创意相关系的侧重参数决定了AI在生成视频时是侧重于发挥想象力，还是侧重于保持指令和视频内容的相关性。当侧重参数在0～0.5（不包括0.5）时，AI会侧重于发挥想象力；当侧重参数为0.5时，AI会综合想象力和相关性进行生成；当侧重参数在0.5（不包括0.5）～1时，AI会侧重于保持相关性。

（2）认识可灵AI手机版

可灵AI目前没有推出单独的手机版应用，如果用户想在手机端使用可灵AI，需要下载一个快影手机版，在其中的"可灵×快影AI生视频"界面中进行生成，如图10-8所示。下面对"可灵×快影AI生视频"界面中的各主要部分进行相关讲解。

扫码看视频

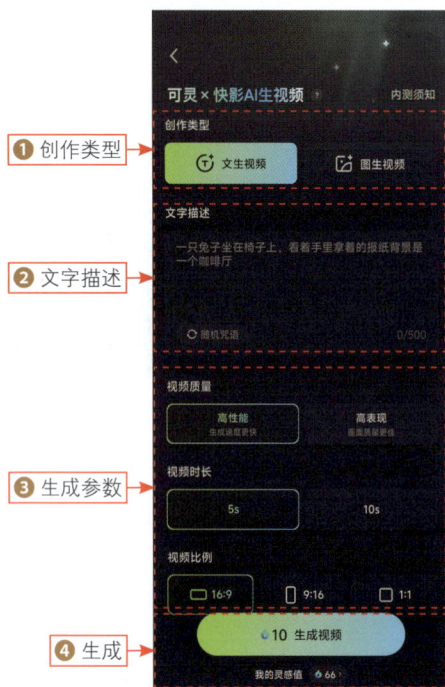

图 10-8 "可灵 × 快影 AI 生视频"界面

❶ 创作类型：快影手机版提供了"文生视频"和"图生视频"这两种AI短视频生成功能，用户可以点击对应的按钮来选择AI短视频的生成类型。

❷ 文字描述：用户可以在该区域中输入自己准备的文字指令，也可以点击"随机咒语"按钮，使用系统推荐的指令。

❸ 生成参数：在该区域中，用户可以对视频的生成质量、时长和比例进行设置。需要注意的是，为视频设置不同的生成质量和时长后，所需的灵感值也会不同，用户可以根据账号的灵感值情况和自身需求进行设置。

❹ 生成：在该区域中，用户可以点击"生成视频"按钮，让AI根据指令和参数进行生成，也可以查看账号的灵感值情况。每个账号每天会有66的免费灵感值，用户可以直接购买或开通可灵AI的会员服务，以获得更多灵感值。

10.2　即梦 AI 的 2 个短视频生成技巧

在即梦AI中，用户可以通过文本（即指令）或图片来完成AI短视频的生成。例如，用户可以使用即梦AI来生成商品展示短视频，从而高效、精准地呈现商品特点，同时降低制作成本，提高短视频制作的创意与个性化水平。本节将介绍相关的生成技巧。

10.2.1　生成珠宝展示短视频

【效果展示】：在即梦AI中，用户可以借助先进的人工智能技术，结合高精度渲染、动态光影效果和个性化设计算法，生成精美绝伦的珠宝展示短视频，效果如图10-9所示。

扫码看视频

图 10-9　效果展示

下面介绍在即梦AI中生成珠宝展示短视频的操作方法。

步骤01 登录并进入即梦AI的"首页"页面，在"AI视频"选项区中单击

"视频生成"按钮，如图10-10所示，进入"视频生成"页面。

步骤02 ❶切换至"文本生视频"选项卡；❷输入指令，如图10-11所示。

图 10-10　单击"视频生成"按钮

图 10-11　输入指令

步骤03 ❶设置"运动速度"为"适中"，增加画面的动感；❷设置"生成时长"为6s，如图10-12所示，增加视频的时长。

步骤04 在"文本生视频"选项卡的底部，单击"生成视频"按钮，如图10-13所示，稍等片刻，即可生成对应的珠宝展示短视频。

图 10-12　设置"生成时长"

图 10-13　单击"生成视频"按钮

步骤05 单击视频底部工具栏中的"提升分辨率"按钮**HD**，如图10-14所示，即可生成高清的短视频效果。

步骤06 在高清短视频的右上角单击"下载"按钮，如图10-15所示，将其下载。

★ 专 家 提 醒 ★

　　使用即梦AI和可灵AI生成的视频是没有任何声音的，用户可以将视频下载到本地文件夹中，再使用视频剪辑工具为其添加背景音乐，相关方法可以参考10.3.1中的内容。另外，在即梦AI中，用户也可以先为视频进行AI配乐，再下载一个完整的视频，相关方法可以参考11.1.5中的内容。

图 10-14　单击"提升分辨率"按钮　　　　图 10-15　单击"下载"按钮

10.2.2　生成菜品展示短视频

【效果展示】：用户利用AI生成菜品展示短视频，可以通过精美的画面、色彩和动态效果，使菜品看起来更加诱人，从而激发观众的食欲和好奇心，效果如图10-16所示。

扫码看视频

图 10-16　效果展示

下面介绍在即梦AI中生成菜品展示短视频的操作方法。

步骤01 在"视频生成"页面的"图片生视频"选项卡中,单击"上传图片"按钮,如图10-17所示,弹出"打开"对话框。

步骤02 ❶选择图片素材;❷单击"打开"按钮,如图10-18所示,将其上传。

图 10-17 单击"上传图片"按钮

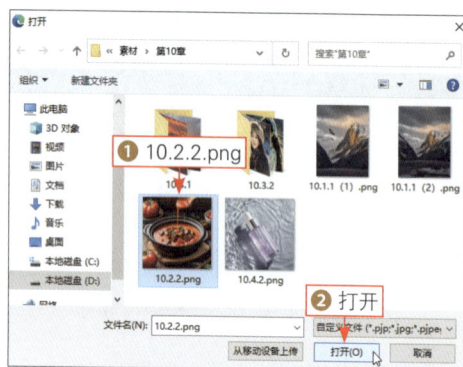

图 10-18 单击"打开"按钮

步骤03 输入指令,如图10-19所示,告知AI生成的视频内容。

步骤04 ❶设置"生成时长"为6s,增加视频时长;❷单击"生成视频"按钮,如图10-20所示,即可生成对应的菜品展示短视频。

图 10-19 输入指令

图 10-20 单击"生成视频"按钮

10.3 剪映的 2 个短视频生成技巧

在剪映中,用户可以借助"图文成片"功能和"模板"功能来完成AI短视频的生成。例如,用户可以使用剪映来生成宣传短视频,这不仅大幅缩短了制作周期，降低了人力成本，还使得视频风格多样、创意无限。本节介绍相关的生成技巧。

10.3.1　生成节目宣传短视频

【效果展示】：剪映的"图文成片"功能可以帮人们实现文生视频的效果，用户输入或生成文案后，可以让AI自动生成一个完整的视频或视频框架，效果如图10-21所示。

扫码看视频

图 10-21　效果展示

下面介绍在剪映中生成节目宣传短视频的操作方法。

步骤01 进入剪映的"首页"界面，单击"图片成片"按钮，如图10-22所示。

图 10-22　单击"图文成片"按钮

步骤02 进入"图文成片"界面，❶切换至"自定义输入"选项卡；❷输入指令；❸单击"生成文案"按钮，如图10-23所示，即可让AI生成3篇文案。

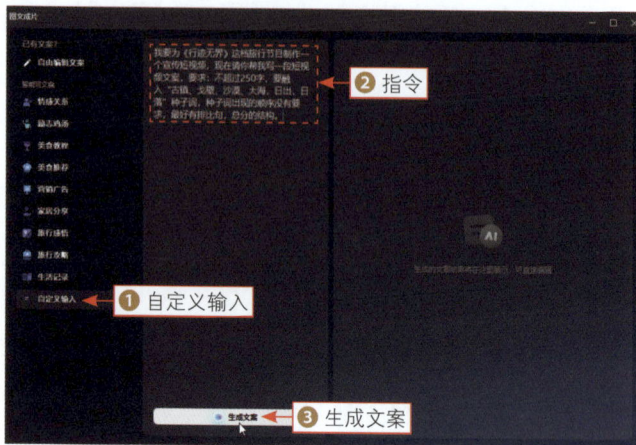

图 10-23　单击"生成文案"按钮

步骤03 选择第1篇文案，❶调整文案内容；❷单击朗读音色右侧的下拉按钮；❸在弹出的列表框中选择"磁性男声"选项，如图10-24所示，修改视频的朗读音色。

步骤04 单击"生成视频"按钮，在弹出的"请选择成片方式"面板中选择"使用本地素材"选项，如图10-25所示，即可根据文案生成视频。

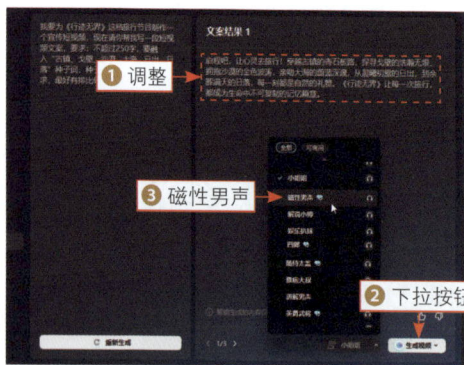

图 10-24　选择"磁性男声"选项

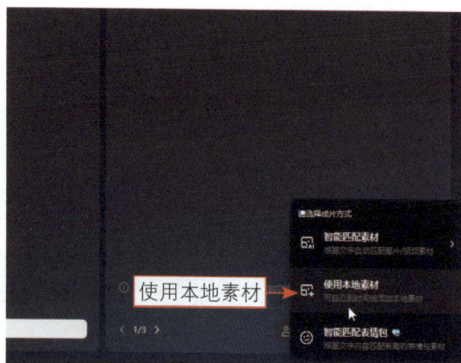

图 10-25　选择"使用本地素材"选项

★ 专家提醒 ★

　　在"请选择成片方式"面板中，如果用户选择"智能匹配素材"或"智能匹配表情包"选项，AI会自动收集素材完成视频的生成。这样做的缺点是视频效果的美观度不可控，并且直接使用这些素材也存在侵权的可能。

步骤05 生成结束后，进入视频编辑界面，其中显示了生成的字幕、朗读音频和背景音乐，选择第1段字幕，❶切换至右上角的"字幕"操作区；❷为第1

段和第10段字幕添加相应的标点符号，如图10-26所示，使字幕更规范。

步骤 06 ❶切换至"文本"操作区；❷设置"字体"为"宋体"，如图10-27所示，更改字幕的字体样式。

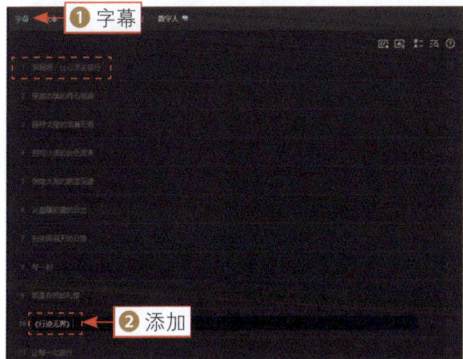

图 10-26　添加标点符号

图 10-27　设置"字体"

步骤 07 ❶切换至"气泡"选项卡；❷选择一个气泡样式，美化字幕效果；❸在预览区域中调整字幕的大小和位置，如图10-28所示。

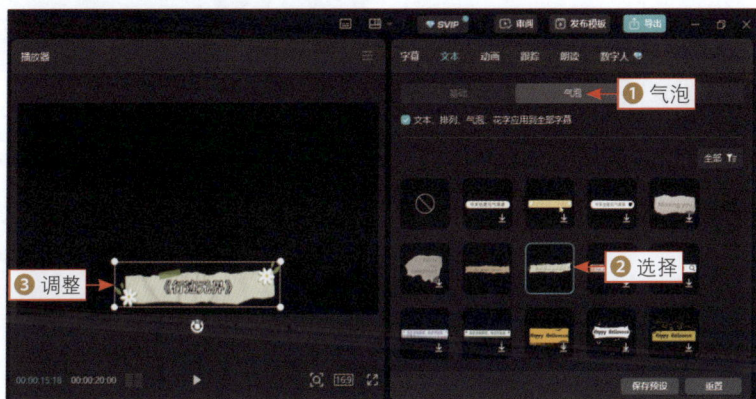

图 10-28　调整字幕的大小和位置

步骤 08 由于调整字幕内容后会自动更新朗读音频的内容和时长，因此字幕轨道和音频轨道可能会出现空白片段，用户可以选择并拖曳字幕和朗读音频，❶调整它们的位置；❷在字幕轨道的起始位置单击"锁定轨道"按钮 🔒，如图10-29所示，将该轨道锁定，避免后续添加和调整视频素材时影响到字幕。用同样的方法，将朗读音频轨道锁定。

步骤 09 拖曳时间线至视频起始位置，在"媒体"功能区中单击"导入"按钮，如图10-30所示，弹出"请选择媒体资源"对话框。

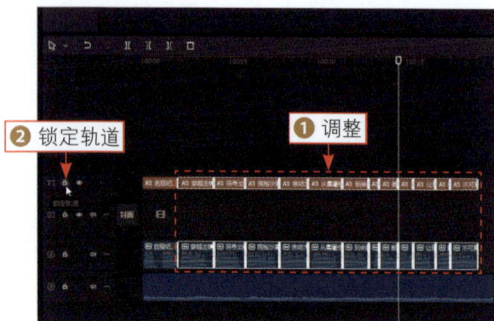

图 10-29　单击"锁定轨道"按钮

图 10-30　单击"导入"按钮

步骤10 ❶选择所有素材；❷单击"打开"按钮，如图10-31所示，即可导入素材。

步骤11 在"媒体"功能区中，单击第1段素材右下角的"添加到轨道"按钮❶，如图10-32所示，即可将所有素材按顺序添加到轨道中。

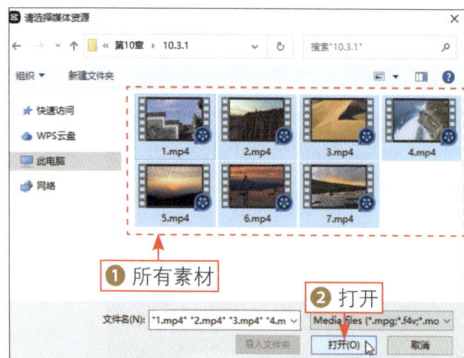

图 10-31　单击"打开"按钮

图 10-32　单击"添加到轨道"按钮（1）

步骤12 根据字幕的时长，拖曳每段素材右侧的白色拉杆，调整它们的时长，如图10-33所示，使字幕与视频画面对应。

步骤13 ❶切换至"文本"功能区；❷展开"文字模板"|"旅行"选项卡；❸单击相应文字模板右下角的"添加到轨道"按钮❶，如图10-34所示，将其添加到轨道中。

步骤14 在"文本"操作区中，❶修改文字模板的内容；❷设置"缩放"参数为15%、"位置"的X参数为-1617、Y参数为943，调整其大小和位置；❸单击"展开"按钮，如图10-35所示，展开文字模板的编辑面板。

步骤15 ❶设置"字体"为"宋体"，修改文字模板的字体样式；❷单击B按钮，如图10-36所示，加粗字幕。

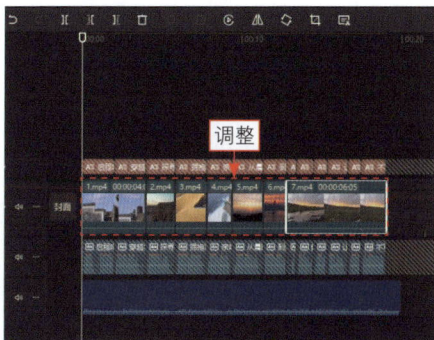

图 10-33　调整视频素材的时长

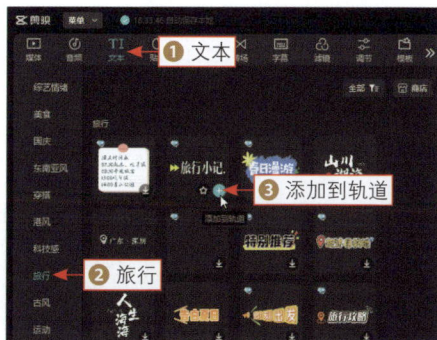

图 10-34　单击"添加到轨道"按钮（2）

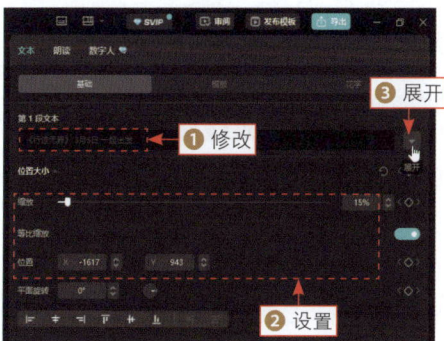

图 10-35　单击"展开"按钮

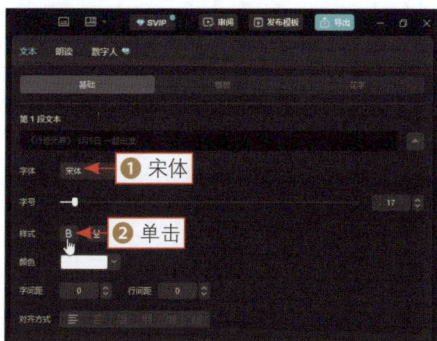

图 10-36　单击相应的按钮

步骤16 ❶调整文字模板的时长，使其与视频时长保持一致；❷选择背景音乐；❸单击"删除"按钮，如图10-37所示，删除背景音乐。

步骤17 ❶切换至"音频"功能区；❷在"音乐素材"选项卡中搜索需要的背景音乐；❸在搜索结果中单击相应音乐右下角的"添加到轨道"按钮，如图10-38所示，添加新的背景音乐。

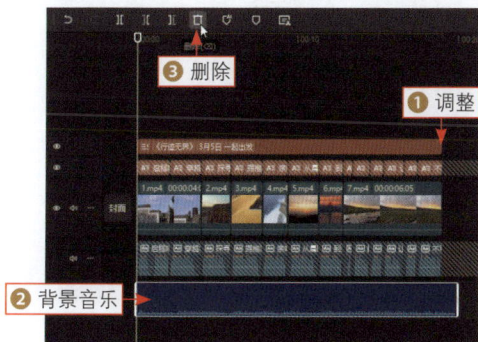

图 10-37　单击"删除"按钮

图 10-38　单击"添加到轨道"按钮（3）

步骤**18** 拖曳背景音乐右侧的白色拉杆，调整其时长，使其与视频时长保持一致，如图10-39所示。

步骤**19** 在"基础"操作区中，设置"音量"参数为-25.0dB，如图10-40所示，降低背景音乐的音量，使朗读音频更明显，即可完成节目宣传视频的制作。

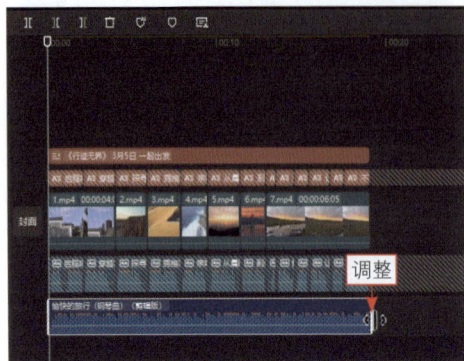

图 10-39　调整背景音乐的时长　　　　　图 10-40　设置"音量"参数

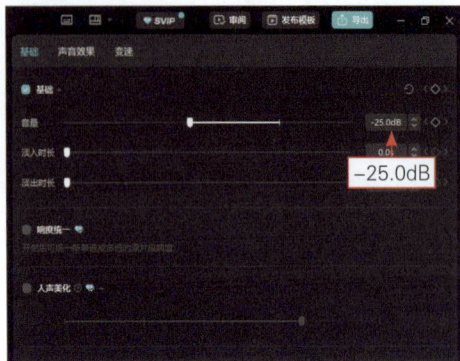

10.3.2　生成店铺宣传短视频

【效果展示】：剪映的"模板"功能可以实现图生视频或视频生视频的效果，用户通过选择模板和添加素材，即可轻松生成同款短视频。例如，为几张写真照片套用卡点模板，即可生成写真馆的店铺宣传短视频，效果如图10-41所示。

扫码看视频

图 10-41　效果展示

下面介绍在剪映中生成店铺宣传短视频的操作方法。

步骤01 进入剪映的"首页"界面，单击"模板"按钮，如图10-42所示，切换至"模板"界面。

图 10-42 单击"模板"按钮

步骤02 ❶输入并搜索相应的模板；❷设置"画幅比例"为"竖屏"、"片段数量"为3～5，对搜索出的模板进行筛选；将鼠标指针移至喜欢的模板上，❸单击模板下方的"解锁草稿"按钮，如图10-43所示，即可下载模板，并进入编辑界面。

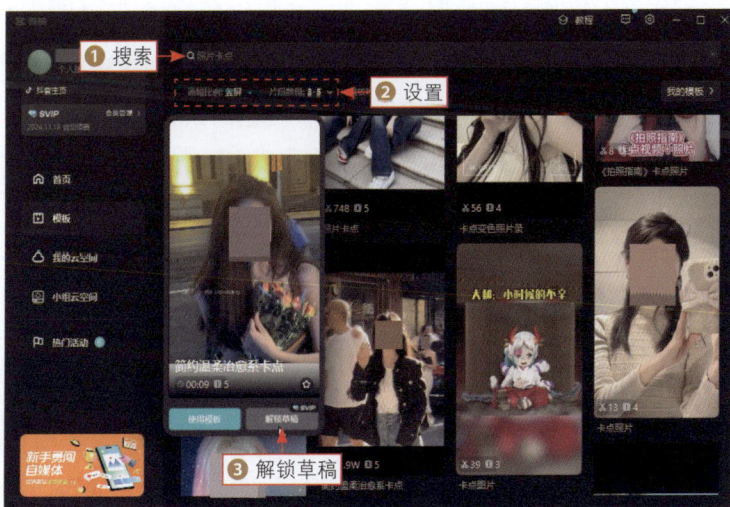

图 10-43 单击"解锁草稿"按钮

★ 专 家 提 醒 ★

　　模板的草稿是指基于某个特定的视频模板创建的视频编辑初步版本或半成品。草稿允许用户在应用模板的基础上进行进一步的个性化编辑和定制，从而让视频效果更符合需求。不过，解锁模板的草稿需要用户开通会员服务。如果用户不想开通会员服务，可以单击"使用模板"按钮，使用素材完成同款视频的生成即可。

　　步骤03 在"媒体"功能区中导入5张照片素材，按住鼠标左键，将第1张照片拖曳至视频轨道中的第1段素材上，如图10-44所示。

　　步骤04 释放鼠标左键，弹出"替换"面板，❶查看替换素材后的效果；❷单击"替换片段"按钮，如图10-45所示，即可完成第1段素材的替换。

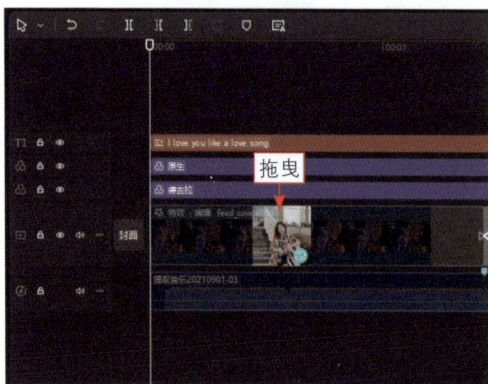

图 10-44　将照片拖曳至视频轨道中的素材上　　　图 10-45　单击"替换片段"按钮

　　步骤05 用与上面相同的方法，替换剩下的素材，❶同时选择字幕和两个滤镜；❷单击"删除"按钮 🗑，如图10-46所示，将它们删除。

　　步骤06 ❶切换至"文本"功能区；❷展开"文字模板"|"标签"选项卡；❸单击相应文字模板右下角的"添加到轨道"按钮 ⊕，如图10-47所示，添加新的字幕。

　　步骤07 在"文本"操作区中，❶修改文字模板的内容；❷设置"缩放"参数为124%、"位置"的X参数为0、Y参数为1678，调整其大小和位置；❸单击"展开"按钮 ■，如图10-48所示，展开文字模板的编辑面板。

　　步骤08 设置"字体"为"宋体"，如图10-49所示，修改文字模板的字体样式，调整文字模板的时长，使其与视频时长保持一致，即可完成店铺宣传视频的制作。

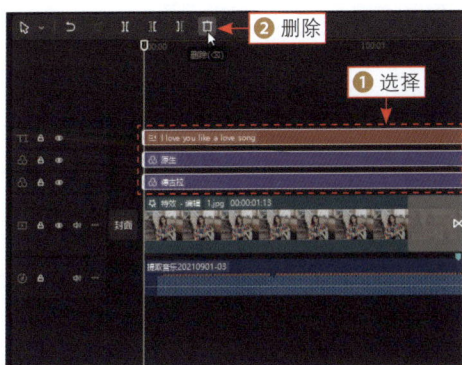

图 10-46　单击"删除"按钮

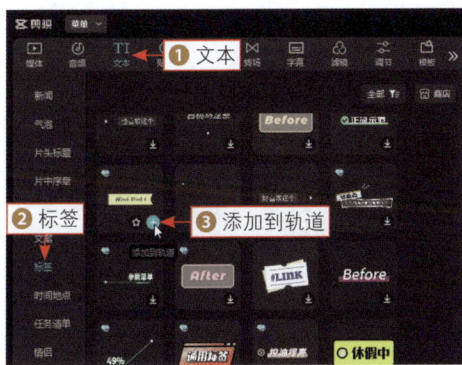

图 10-47　单击"添加到轨道"按钮

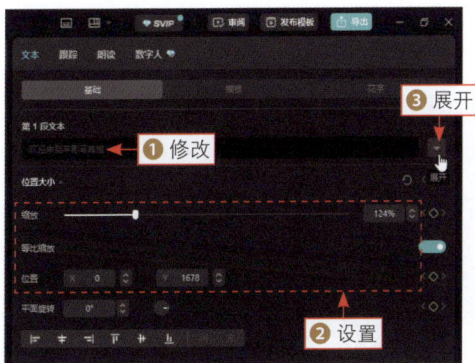

图 10-48　单击"展开"按钮

图 10-49　设置"字体"

10.4　可灵 AI 的 2 个短视频生成技巧

在可灵AI中，用户可以使用"文生视频"或"图生视频"功能来完成AI短视频的生成。例如，用户可以使用可灵AI自动生成创意独特、吸引力强的商品广告视频，从而有效地提升广告的传播效果和转化率，同时节省人力成本和时间。本节介绍相关的生成技巧。

10.4.1　生成汽车广告视频

【效果展示】：用户在使用可灵AI的"文生视频"功能生成汽车广告时，除了输入描述视频内容的指令，还可以在"不希望呈现的内容"文本框中输入相应的指令，对视频内容进行限制，效果如图10-50所示。

扫码看视频

图 10-50　效果展示

下面介绍在可灵AI中生成汽车广告视频的操作方法。

步骤 01 登录并进入可灵AI的"首页"页面，单击"AI视频"按钮，如图10-51所示，进入"AI视频"页面。

步骤 02 在"文生视频"选项卡中，输入描述视频内容的指令，如图10-52所示，告知AI需要生成的视频效果。

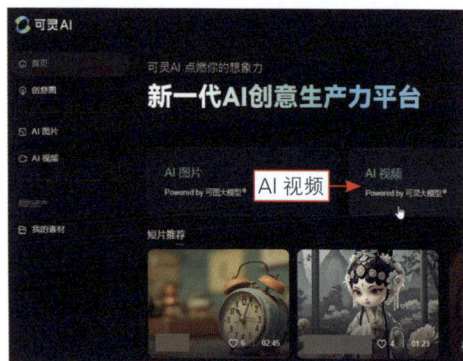

图 10-51　单击"AI视频"按钮

图 10-52　输入指令

★ 专 家 提 醒 ★

可灵AI的"可灵1.5"视频生成模型需要用户开通会员才能使用，并且只支持"高品质"生成模式，虽然每次生成视频需要的灵感值更多，但视频质量更高。

而"可灵1.0"视频生成模型只支持"标准"生成模式，并且只能生成5s的视频，不过每次生成只消耗10个灵感值，用户可以根据自己的需求选择合适的视频生成模型。

步骤 03 保持默认的视频生成参数不变，在"不希望呈现的内容"文本框中，❶输入指令，对视频内容进行限制；❷单击"立即生成"按钮，如图10-53所示。

步骤04 稍等片刻，即可生成一段汽车广告视频，❶将鼠标指针移动至视频右下角的⬇按钮上；❷在弹出的列表框中选择"无水印下载"选项，如图10-54所示，即可下载无水印的视频效果。

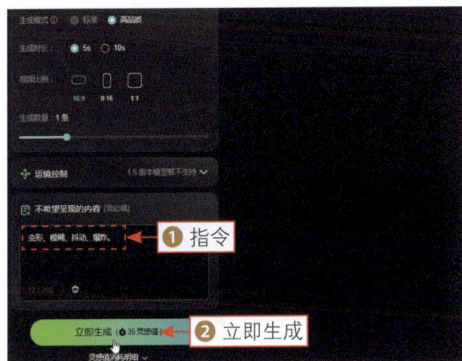

图 10-53 单击"立即生成"按钮

图 10-54 选择"无水印下载"选项

10.4.2 生成护肤品广告视频

【效果展示】：在使用"图生视频"功能时，图片的质量对视频效果有很大的影响，因此用户需要准备一张高清、精美的图片作为参考图。有了参考图的辅助，用户在输入指令时简单地描述需要的画面效果即可，效果如图10-55所示。

扫码看视频

图 10-55 效果展示

下面介绍在可灵AI中生成护肤品广告视频的操作方法。

步骤 01 在"AI视频"页面中，❶切换至"图生视频"选项卡；❷单击"点击/拖拽/粘贴"按钮，如图10-56所示，弹出"打开"对话框。

步骤 02 ❶选择图片；❷单击"打开"按钮，如图10-57所示，即可上传参考图。

图 10-56　单击"点击/拖拽/粘贴"按钮

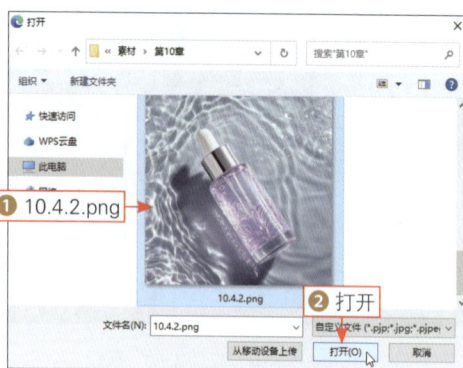

图 10-57　单击"打开"按钮

步骤 03 ❶输入指令；❷单击"立即生成"按钮，如图10-58所示。

步骤 04 稍等片刻，即可生成一段护肤品广告视频，❶将鼠标指针移动至视频右下角的⬇按钮上；❷在弹出的列表中选择"无水印下载"选项，如图10-59所示，即可下载无水印效果的视频。

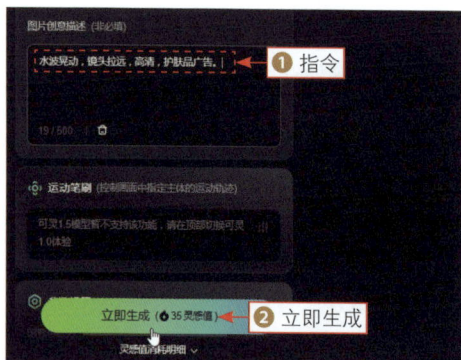

图 10-58　单击"立即生成"按钮

图 10-59　选择"无水印下载"选项

170

【电商运营篇】

第 11 章　AI 电商前端体验的 11 个运营技巧

　　AI技术以其强大的数据处理能力和智能分析能力，为电商前端体验的优化提供了全新的思路和解决方案。从个性化内容创作到智能客服、用户体验优化，AI技术正在逐步渗透到电商运营的各个环节，为电商行业带来前所未有的变革。

11.1　AI 电商内容创作的 5 个技巧

在电商领域，内容创作是连接商品与消费者的桥梁，是激发用户购买欲望、传递品牌价值的关键环节。然而，随着电商平台的商品数量爆炸式增长，传统的人工创作内容的方式已难以满足高效、个性化的需求。

AI电商内容创作形式的出现，为这一难题提供了创新的解决方案，它不仅极大地提升了内容创作的效率，还通过智能化手段实现了内容的个性化定制，为电商行业注入了新的活力。本节主要介绍创作AI电商文案、图片和视频的5个技巧。

11.1.1　创作商品主图文案

在电商领域，主图文案能够凸显产品的亮点和优势，从而激发消费者的购买欲望。不过，撰写主图文案需要分析产品特点、受众需求和市场趋势等多方面的因素，同时还需要一定的网感和文字功底。因此，用户可以借助AI的力量快速完成商品主图文案的创作。下面以文心一言为例，介绍相关案例。

扫码看视频

提问

请结合冲锋衣产品的亮点、受众需求和市场趋势，写作一篇商品主图文案。要求：语言精简，亮点突出，适当融入网络热点。

文心一言

【商品主图文案】
【极限挑战，风尚同行】
产品亮点：
1.防水透气：采用最新科技面料，风雨无阻，汗水速干，让探险无畏湿身尴尬！
2.防风保暖：高效挡风设计，内置微绒层，锁住体温，寒风中也能潇洒前行。
3.轻盈耐磨：超轻材质，抗撕裂强度，背包客的最爱，减负不减质！
受众需求：
1.户外探险家：无论是山巅还是雨林，一件在手，说走就走！
2.城市通勤族：应对多变天气，保持时尚的态度，从早到晚，干爽有型。
3.旅行摄影师：灵活机动，随时捕捉风景，专业防护，镜头下的每一寸都清晰。
市场趋势：
1.可持续时尚：环保面料，绿色出行，与自然和谐共生。

2.智能集成：未来冲锋衣将融入更多科技元素，如可充电加热系统，让装备更智能。

3.多功能融合：一衣多穿，收纳便捷，满足多样化的生活场景需求。

【限时特惠】——不只是冲锋衣，更是你的探险伙伴，潮流宣言！立即抢购，开启你的不凡之旅！

#冲锋衣新风尚 #户外必备神器 #智能环保出行

11.1.2　创作商品详情页文案

详情页文案是电商领域用于描述产品详细特征的文字内容，包括产品的具体功能、设计特点、规格包装、使用说明、注意事项等元素，能够以文字的形式全面地介绍产品。借助AI的力量，用户可以快速获得特定产品的详情页文案内容，从而节省人力成本。下面以文心一言为例，介绍相关案例。

扫码看视频

📷 提问

请根据以下信息，撰写加热杯垫的详情页文案。

产品信息：芝芝恒温加热杯垫，有白色、粉色和黑色3种颜色，售价仅需55元。

产品特点：9档调温；超薄设计；12小时预约开机/定时关机；超大加热面板；一物多用，可以热茶、热牛奶、热粥和热饭。

目标受众：上班族。

包装内容：纸盒，说明书，鱼鳞抹布，充电线。

保证与支持：48小时发货，7天无理由退换，代写贺卡。

📘 文心一言

芝芝恒温加热杯垫——您的办公桌温暖小助手

产品亮点

还在为冬日里冰冷的饮品而烦恼吗？芝芝恒温加热杯垫，专为追求品质生活的您设计，让温暖随时相伴！

1.9档调温：无论是热茶、热牛奶还是热粥、热饭，9档温度调节满足您的不同需求，精准控温，每一口都是恰到好处的温暖。

2.超薄设计：简约而不失时尚，超薄机身轻松融入您的办公环境，不占空间，美观大方。

3.12小时预约开机/定时关机：早晨匆匆出门前预约开机，下班归来即可享受温暖；夜晚定时关机，安全节能，贴心守护。

4.超大加热面板: 不局限于杯子, 小碗、小锅也能轻松加热, 一物多用, 便捷、高效。

5.多用途神器: 无论是忙碌的上班族, 还是注重生活品质的你, 芝芝加热杯垫都是您的理想选择, 热茶、热牛奶、热粥、热饭, 随心所欲, 温暖每一天。

颜色选择

1.白色: 简约纯净, 适合追求极简风格的您。

2.粉色: 温柔甜美, 增添一抹少女心。

3.黑色: 经典百搭, 彰显沉稳大气。

......

11.1.3 创作商品海报文案

商品海报文案是指放置于海报上的产品宣传文字, 它具有语言简练、清晰明了和醒目的特点, 能够引导消费者购买商品。在AI的帮助下, 用户可以轻松创作出商品海报文案, 还可以获得对应的海报内容参考。下面以文心一言为例, 介绍相关案例。

扫码看视频

提问

请结合商品海报文案的特征, 从情感共鸣的角度出发, 创作5条有关洗碗机的海报文案, 并提供对应的海报内容参考。

文心一言

文案1:

家的温馨, 不应在油腻中消散。

让洗碗机成为爱的守护者,

每一刻相聚, 都值得被温柔以待。

海报内容参考如下。

背景: 温馨的居家厨房场景, 窗外洒进柔和的阳光。

图像: 一对夫妇在餐桌旁欢笑, 背景中洗碗机静静地工作, 发出柔和的蓝光。

色彩: 温暖色调, 如米黄、淡棕, 搭配洗碗机的冷光, 形成对比, 增添科技感。

文字排版: 将文案置于海报底部, 采用圆润的字体, 营造温馨的氛围。

文案2:

告别洗碗的烦恼, 拥抱生活的甜蜜。

洗碗机, 让爱流淌在每一份餐具间,

让家的味道, 更加纯粹。

海报内容参考如下。

背景：一张摆满美味佳肴的餐桌，家人围坐，笑容满面。

……

★ 专 家 提 醒 ★

除了商品主图文案、详情页文案和海报文案，AI还可以用于创作促销活动文案、品牌故事文案、社交媒体营销文案、电子邮件营销文案，以及用户评价与反馈文案等，帮助商家有效地吸引顾客、提升品牌形象并促进销售转化。

11.1.4　创作商品宣传图

【效果展示】：使用AI创作商品宣传图能够大幅提升商品图的制作效率与质量，实现个性化定制与风格统一，同时降低人力成本，快速响应市场需求，为商品推广带来更强的视觉冲击力和更高的转化率，效果如图11-1所示。

扫码看视频

图 11-1　效果展示

下面介绍使用即梦AI生成商品宣传图的操作方法。

步骤01　在"图片生成"页面中，❶输入绘图指令；❷设置"生图模型"为"图片2.0"，如图11-2所示，更改生图模型。

步骤02 ❶设置"精细度"参数为10；❷设置"图片比例"为3：4，如图11-3所示，提高生图质量，并修改图片尺寸。

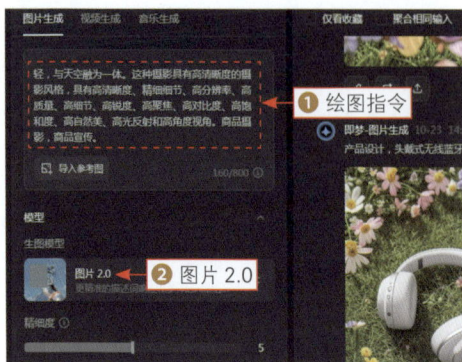

图 11-2　设置"生图模型"

图 11-3　设置"图片比例"

步骤03 单击"立即生成"按钮，即可发送指令，让AI生成4张对应的商品宣传图，将鼠标指针移至喜欢的图片上，如第3张图片，在显示的工具栏中单击"超清"按钮 **HD**，如图11-4所示，即梦AI会单独生成第3张图片的超清图。

图 11-4　单击"超清"按钮

★ 专 家 提 醒 ★

除了创作商品宣传图，AI技术在电商领域还能生成多样化的图片内容，包括模拟真实场景的商品展示图、吸引眼球的创意广告图、详尽的产品细节图、个性化的用户定制图，以及用于提升购物体验的虚拟试穿/试用图等，极大地丰富了电商平台的视觉呈现效果与互动性。

11.1.5 创作商品短视频

【效果展示】：使用AI创作商品短视频不仅极大地提升了内容创作的效率与灵活性，还确保了视频内容与商品特性、消费者需求的精准匹配，有效增强了视频的吸引力和转化效果，为电商营销开辟了全新的视觉表达路径，效果如图11-5所示。

扫码看视频

图 11-5 效果展示

下面介绍使用即梦AI创作商品短视频的操作方法。

步骤01 在"视频生成"页面中，单击"图片生视频"选项卡中的"上传图片"按钮，如图11-6所示，弹出"打开"对话框。

步骤02 ❶选择图片；❷单击"打开"按钮，如图11-7所示，即可将其上传。

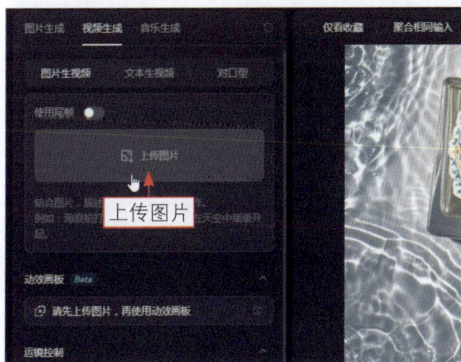

图 11-6 单击"上传图片"按钮

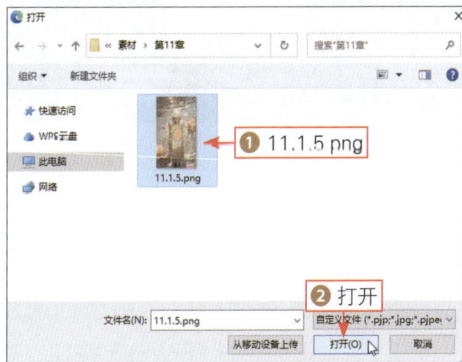

图 11-7 单击"打开"按钮

步骤 03 在上传的图片下方输入相应指令,如图11-8所示,告知AI自己需要的短视频效果。

步骤 04 ❶设置"运动速度"为"适中",稍微加快视频的运动速度;❷设置"生成时长"为6s,如图11-9所示,增加视频时长。

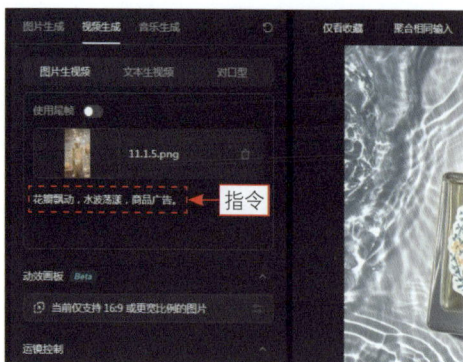

图 11-8 输入指令

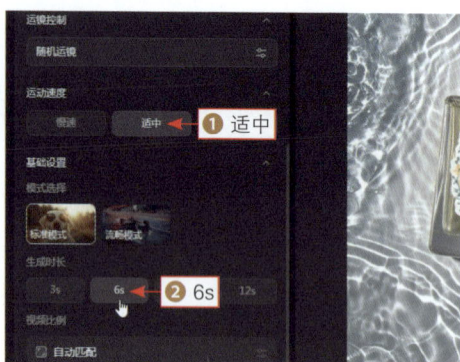

图 11-9 设置"生成时长"

步骤 05 单击"生成视频"按钮,即可让AI生成对应的短视频,单击视频下方工具栏中的"AI配乐"按钮🎵,如图11-10所示。

步骤 06 弹出"AI配乐"面板,❶选中"自定义AI配乐"单选按钮;❷在"场景"选项区中选择"销售"选项,如图11-11所示,设置配乐的应用场景。

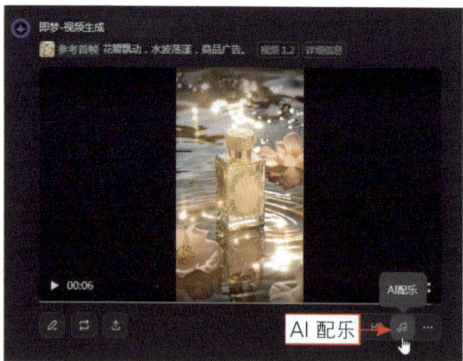

图 11-10 单击"AI配乐"按钮

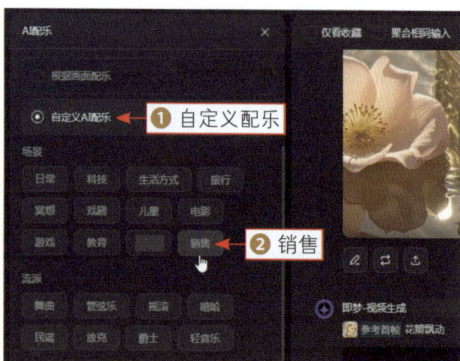

图 11-11 选择"销售"选项

步骤 07 ❶设置"流派"为"轻音乐"、"情感"为"神秘",让生成的配乐更符合要求;❷单击"生成AI配乐"按钮,如图11-12所示。

步骤 08 执行操作后,AI会同时生成3段配乐,用户可以单击视频下方的"配乐1""配乐2""配乐3"按钮,进行试听,在"配乐1"效果的右上角单击"下载"按钮⬇,如图11-13所示,会弹出"视频下载"对话框,并显示下载进度，稍等片刻，即可将视频下载到本地文件夹中。

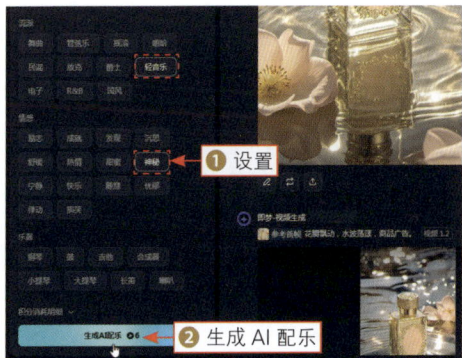

图 11-12　单击"生成 AI 配乐"按钮

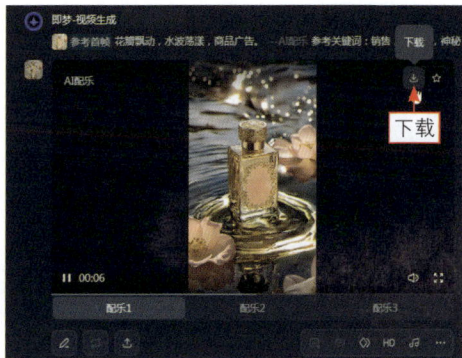

图 11-13　单击"下载"按钮

11.2　智能客服与机器人应用的 3 个技巧

智能客服与机器人在AI电商运营中的应用，标志着电商客户服务领域的一次深刻变革。它们通过运用自然语言理解（Natural Language Understanding，NLU）、自然语言生成（Natural Language Generation，NLG）和情感分析（Sentiment Analysis）等先进技术，实现了常见问题的自动化处理、客户情绪的精准识别，以及人机协同服务的无缝对接，从而显著提升了客户响应速度、满意度与忠诚度，为电商平台提供了更加高效、人性化且全面的客户服务解决方案。本节主要介绍智能客服与机器人应用的3个技巧。

11.2.1　自动化处理常见问题

自动化处理常见问题是指利用人工智能技术，特别是自然语言理解（NLU）和自然语言生成（NLG）技术，使智能客服系统能够自动识别和回答用户咨询较多的问题。这一过程无须人工干预，实现了客户服务的快速响应和高效处理。

扫码看视频

随着电商平台的快速发展，用户咨询量急剧增加，传统的人工客服模式已难以满足日益增长的客户需求。自动化处理常见问题的出现，正是为了解决这一难题。它不仅能够显著提升客户响应速度，减少用户等待时间，还能够降低人工客服的工作压力，提高整体服务效率。此外，自动化处理还能够确保回复内容的一致性和准确性，避免因人工操作失误而引发的客户不满。

以拼多多店铺为例，用户进入店铺的客服界面后，智能客服系统会主动发送打招呼的消息，并提供一系列常见问题供用户选择。这些问题是基于平台大数据和用户历史咨询数据精心筛选出来的，涵盖了用户咨询的高频问题和热点话题。

当用户选择某个问题后，拼多多智能客服系统能够迅速识别问题的意图，并从预设的回复库中匹配出最合适的回答。例如，在客服界面中，❶选择"什么时候发货？"这个问题，即可自动将这个问题发送给智能客服；❷智能客服会对发货问题进行回复，如图11-14所示。

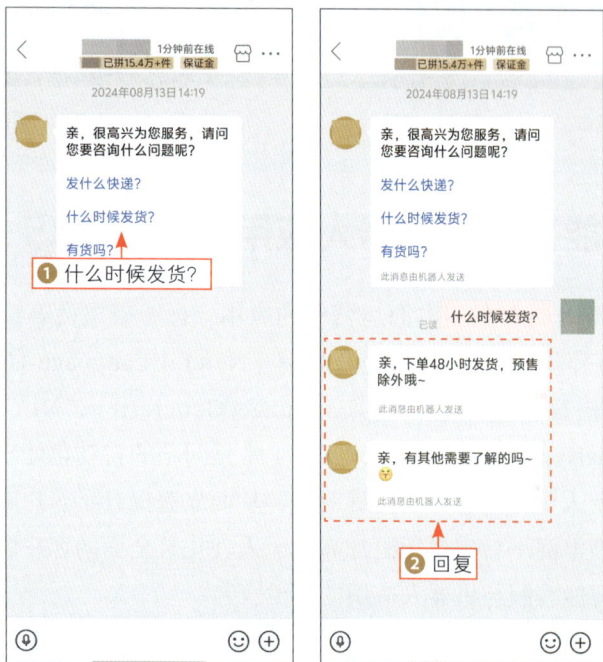

图 11-14　智能客服对发货问题进行回复

这种自动化处理机制不仅显著提升了客户响应速度，还确保了回复内容的一致性和准确性。同时，由于回复内容已经经过优化和验证，因此能够为用户提供更加专业、准确和贴心的服务。

应用智能客服系统来处理常见问题是AI电商运营中提升客户服务质量和效率的重要手段，通过精准问题识别、丰富知识库、智能推荐与引导，以及多轮对话与上下文理解等技巧，并结合保护用户隐私、避免误解与歧义、保持人性化与亲和力，以及持续监控与优化等注意事项，能够进一步提升智能客服系统的性能和表现。图11-15所示为智能客服系统的应用技巧，图11-16所示为应用智能客服系统的注意事项。

精准问题识别	智能客服系统应当具备强大的自然语言理解能力，能够处理各种复杂和模糊的输入，可以通过对用户输入的自然语言进行深度理解和分析，准确识别用户的真实需求和问题意图
丰富知识库	智能客服系统应当构建一个全面、准确的知识库，涵盖电商平台的常见问题、政策规定、操作流程等。而且应定期更新知识库，以确保信息的准确性和时效性
智能推荐与引导	在回答用户问题的同时，智能客服系统还可以根据用户的需求和历史行为，智能推荐相关的商品、服务或优惠活动。这不仅可以提升用户体验，还能促进销售转化
多轮对话与上下文理解	智能客服系统应当支持多轮对话和上下文理解，能够记住用户的历史输入和对话状态，并根据上下文信息生成更准确的回复，使用户能够在一次对话中解决多个问题

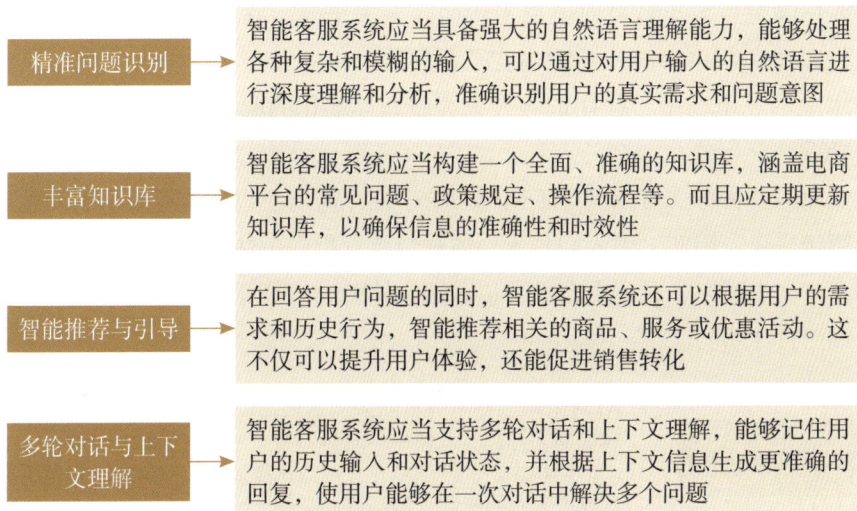

图 11-15　智能客服系统的应用技巧

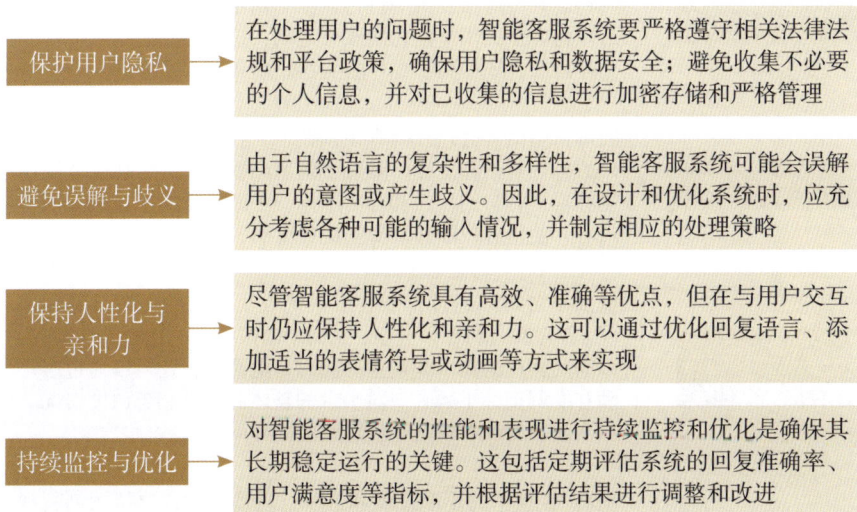

保护用户隐私	在处理用户的问题时，智能客服系统要严格遵守相关法律法规和平台政策，确保用户隐私和数据安全；避免收集不必要的个人信息，并对已收集的信息进行加密存储和严格管理
避免误解与歧义	由于自然语言的复杂性和多样性，智能客服系统可能会误解用户的意图或产生歧义。因此，在设计和优化系统时，应充分考虑各种可能的输入情况，并制定相应的处理策略
保持人性化与亲和力	尽管智能客服系统具有高效、准确等优点，但在与用户交互时仍应保持人性化和亲和力。这可以通过优化回复语言、添加适当的表情符号或动画等方式来实现
持续监控与优化	对智能客服系统的性能和表现进行持续监控和优化是确保其长期稳定运行的关键。这包括定期评估系统的回复准确率、用户满意度等指标，并根据评估结果进行调整和改进

图 11-16　应用智能客服系统的注意事项

11.2.2　提升客户满意度与忠诚度

提升客户满意度与忠诚度是智能客服与机器人技术的核心目标之一。这一目标的实现，依赖AI技术在情感分析、个性化推荐及交互体验优化等方面的深度应用。通过精准识别用户情绪、提供定制化服务及优化交互流程，AI技术能够显著提升客户对电商平台的满意度和忠诚度。

扫码看视频

客户满意度与忠诚度对电商平台而言至关重要。它们不仅直接关系到平台的销售业绩和用户口碑，还影响着平台的品牌价值和市场竞争力。在广泛应用AI技术之前，电商平台往往依赖人工客服和标准化的服务流程来应对客户的咨询和投诉。

然而，这种方式难以满足不同客户的个性化需求，也无法有效识别和处理客户的情绪变化。因此，引入AI技术，通过情感分析和个性化服务等手段提升客户的满意度与忠诚度，成了电商平台提升用户体验和市场竞争力的重要途径，具体做法如图11-17所示。

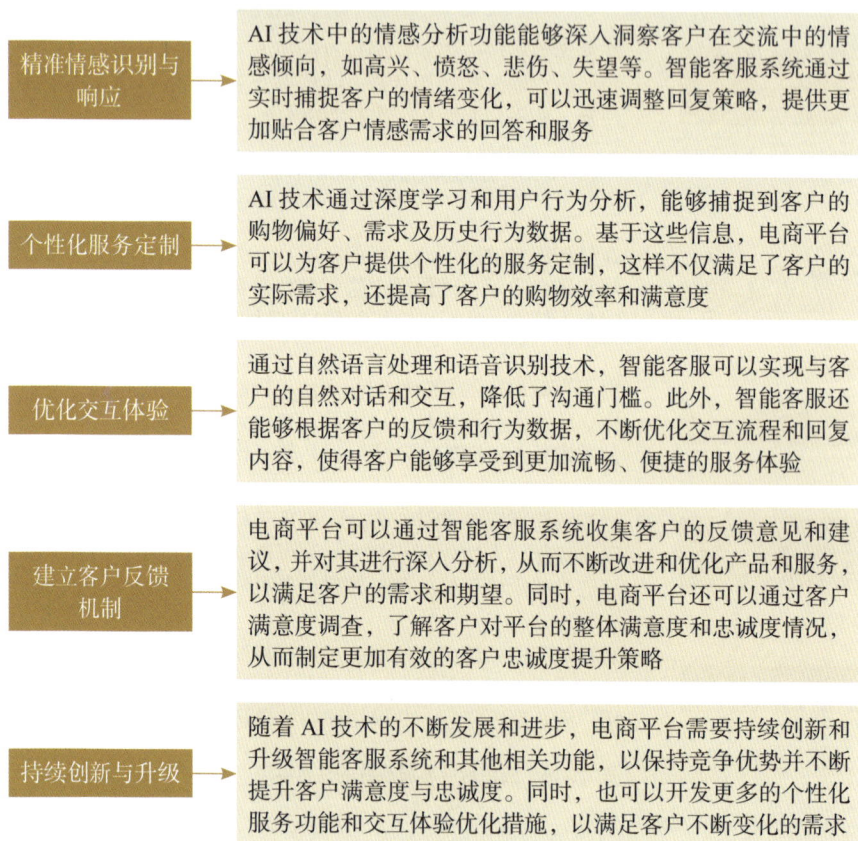

精准情感识别与响应	AI技术中的情感分析功能能够深入洞察客户在交流中的情感倾向，如高兴、愤怒、悲伤、失望等。智能客服系统通过实时捕捉客户的情绪变化，可以迅速调整回复策略，提供更加贴合客户情感需求的回答和服务
个性化服务定制	AI技术通过深度学习和用户行为分析，能够捕捉到客户的购物偏好、需求及历史行为数据。基于这些信息，电商平台可以为客户提供个性化的服务定制，这样不仅满足了客户的实际需求，还提高了客户的购物效率和满意度
优化交互体验	通过自然语言处理和语音识别技术，智能客服可以实现与客户的自然对话和交互，降低了沟通门槛。此外，智能客服还能够根据客户的反馈和行为数据，不断优化交互流程和回复内容，使得客户能够享受到更加流畅、便捷的服务体验
建立客户反馈机制	电商平台可以通过智能客服系统收集客户的反馈意见和建议，并对其进行深入分析，从而不断改进和优化产品和服务，以满足客户的需求和期望。同时，电商平台还可以通过客户满意度调查，了解客户对平台的整体满意度和忠诚度情况，从而制定更加有效的客户忠诚度提升策略
持续创新与升级	随着AI技术的不断发展和进步，电商平台需要持续创新和升级智能客服系统和其他相关功能，以保持竞争优势并不断提升客户满意度与忠诚度。同时，也可以开发更多的个性化服务功能和交互体验优化措施，以满足客户不断变化的需求

图 11-17　使用 AI 技术提升客户满意度与忠诚度的做法

11.2.3　机器人与人工客服协同服务

机器人与人工客服协同服务是指在电商平台的客户服务体系中，智能客服机器人与人工客服通过先进的技术手段实现无缝对接，共同

扫码看视频

为客户提供高效、精准、个性化的服务。这一服务模式打破了传统客服体系的界限，将AI技术的自动化、智能化优势与人工客服的专业性、情感性相结合，形成了优势互补、协同共进的服务格局。

在AI电商运营中，机器人与人工客服的协同服务显得尤为重要。一方面，智能客服机器人能够处理大量、重复咨询的问题，显著提升响应速度和客户满意度；另一方面，面对复杂、特殊或需要情感沟通的问题，人工客服的介入则显得尤为重要。因此，两者协同工作，既能满足高效处理大量咨询的需求，又能确保复杂的问题得到妥善解决，从而提升整体服务质量，具体做法如图11-18所示。

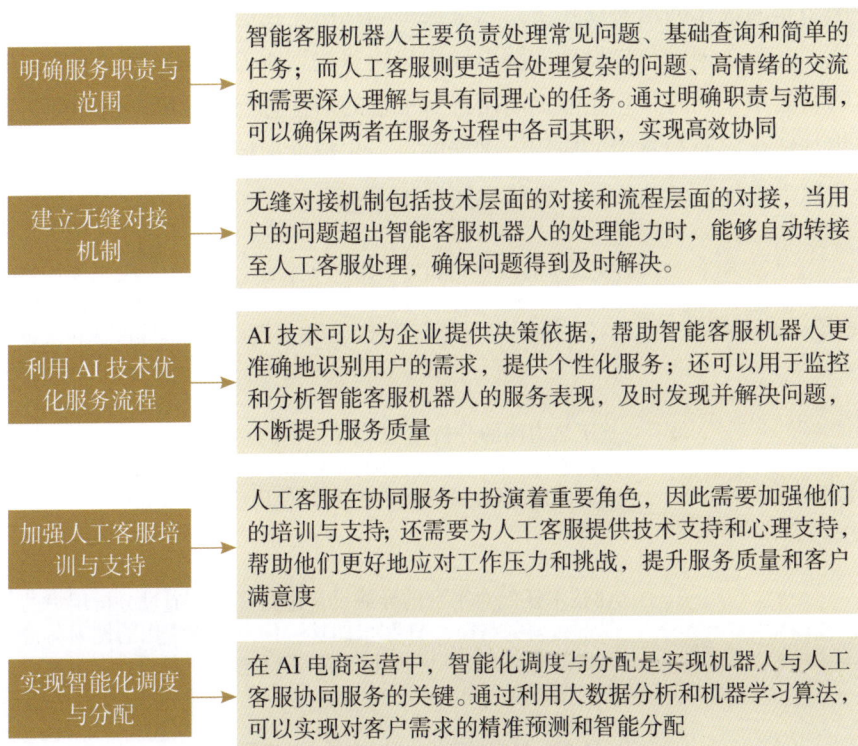

明确服务职责与范围	智能客服机器人主要负责处理常见问题、基础查询和简单的任务；而人工客服则更适合处理复杂的问题、高情绪的交流和需要深入理解与具有同理心的任务。通过明确职责与范围，可以确保两者在服务过程中各司其职，实现高效协同
建立无缝对接机制	无缝对接机制包括技术层面的对接和流程层面的对接，当用户的问题超出智能客服机器人的处理能力时，能够自动转接至人工客服处理，确保问题得到及时解决。
利用AI技术优化服务流程	AI技术可以为企业提供决策依据，帮助智能客服机器人更准确地识别用户的需求，提供个性化服务；还可以用于监控和分析智能客服机器人的服务表现，及时发现并解决问题，不断提升服务质量
加强人工客服培训与支持	人工客服在协同服务中扮演着重要角色，因此需要加强他们的培训与支持；还需要为人工客服提供技术支持和心理支持，帮助他们更好地应对工作压力和挑战，提升服务质量和客户满意度
实现智能化调度与分配	在AI电商运营中，智能化调度与分配是实现机器人与人工客服协同服务的关键。通过利用大数据分析和机器学习算法，可以实现对客户需求的精准预测和智能分配

图 11-18 实现机器人与人工客服协同服务的具体做法

11.3 用户体验优化的 3 个技巧

AI技术在优化用户体验中发挥着核心作用，它通过分析用户行为数据、优化网站布局与搜索功能，以及持续迭代设计，实现了购物旅程的无缝化。借助热力图分析、关键词语义理解等先进手段，AI技术能够精准洞察用户的需求，提升网站的易用性和搜索效率，同时确保用户界面的友好性和整体体验的持续优化。本节主要介绍使用AI技术优化用户体验的3个技巧。

11.3.1 网站布局优化

网站布局优化是指通过一系列技术手段，对电商平台的页面布局、信息架构及导航设计进行调整，以更好地满足用户的需求，提升用户体验。这一过程不仅仅是简单的视觉调整，更是基于用户行为数据，通过AI技术进行深入分析后作出的科学决策。

扫码看视频

网站布局优化的重要性在于，它直接影响到用户在电商平台上的购物体验和满意度。一个合理的布局设计能够引导用户快速找到所需商品，减少搜索时间，提高购物效率。同时，它还能提高用户对平台的信任感与满意度，进而促进商品的销售与转化。而AI技术的应用，则能够进一步精准地捕捉用户行为特征，为布局优化提供更加科学的依据，具体如图11-19所示。

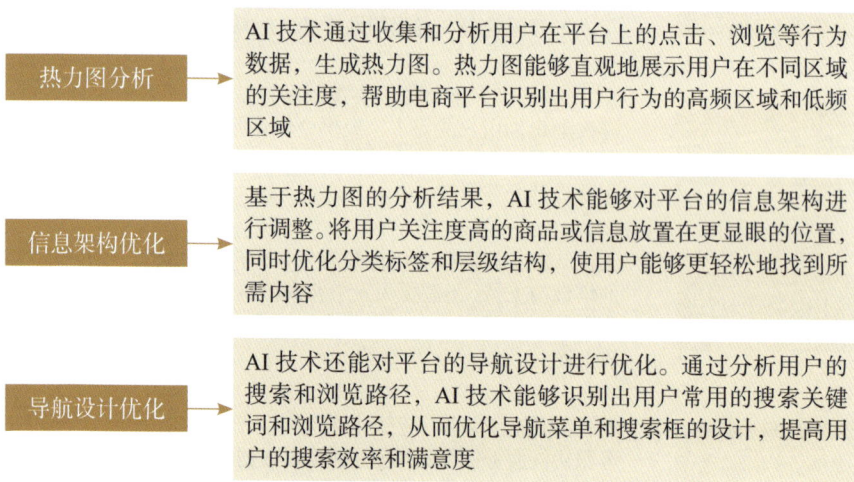

热力图分析	AI技术通过收集和分析用户在平台上的点击、浏览等行为数据，生成热力图。热力图能够直观地展示用户在不同区域的关注度，帮助电商平台识别出用户行为的高频区域和低频区域
信息架构优化	基于热力图的分析结果，AI技术能够对平台的信息架构进行调整。将用户关注度高的商品或信息放置在更显眼的位置，同时优化分类标签和层级结构，使用户能够更轻松地找到所需内容
导航设计优化	AI技术还能对平台的导航设计进行优化。通过分析用户的搜索和浏览路径，AI技术能够识别出用户常用的搜索关键词和浏览路径，从而优化导航菜单和搜索框的设计，提高用户的搜索效率和满意度

图 11-19　AI 技术在优化网站布局中的应用

11.3.2 搜索引擎优化

搜索引擎优化（Search Engine Optimization，SEO）是指通过对电商平台网站内容、结构、链接等方面进行优化，以提高网站在搜索引擎中的排名，进而增加网站的可见性和流量，其作用如图11-20所示。

扫码看视频

提升商品曝光率	在电商平台中，商品曝光率直接决定了其被用户发现和购买的可能性。通过搜索引擎优化，商品能够在搜索引擎中获得更高的排名，从而增加曝光机会
提高用户点击率	当用户搜索相关商品时，排在搜索结果前列的商品更容易吸引用户点击。搜索引擎优化通过提升商品排名，直接提高了用户点击率
促进销售转化	搜索引擎优化不仅提升了商品的曝光率和点击率，更重要的是通过精准匹配用户的需求，提高了销售转化率。当用户搜索到符合其需求的商品时，购买意愿更强，从而促进了销量的增长

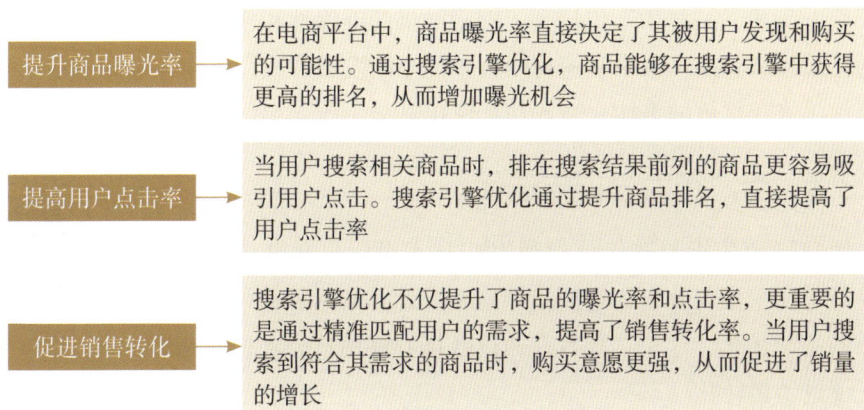

图 11-20 搜索引擎优化的作用

随着用户需求的日益多样化和复杂化，传统的SEO手段已难以满足当前市场的高标准要求。正是在这样的背景下，AI技术以其强大的数据处理能力和智能分析能力，为搜索引擎优化带来了革命性的变革。通过深度挖掘用户搜索数据、精准预测搜索趋势、实现语义理解和个性化推荐，AI技术正逐步重塑电商平台的搜索体验，为商家和用户搭建起更加高效、精准的桥梁，具体如图11-21所示。

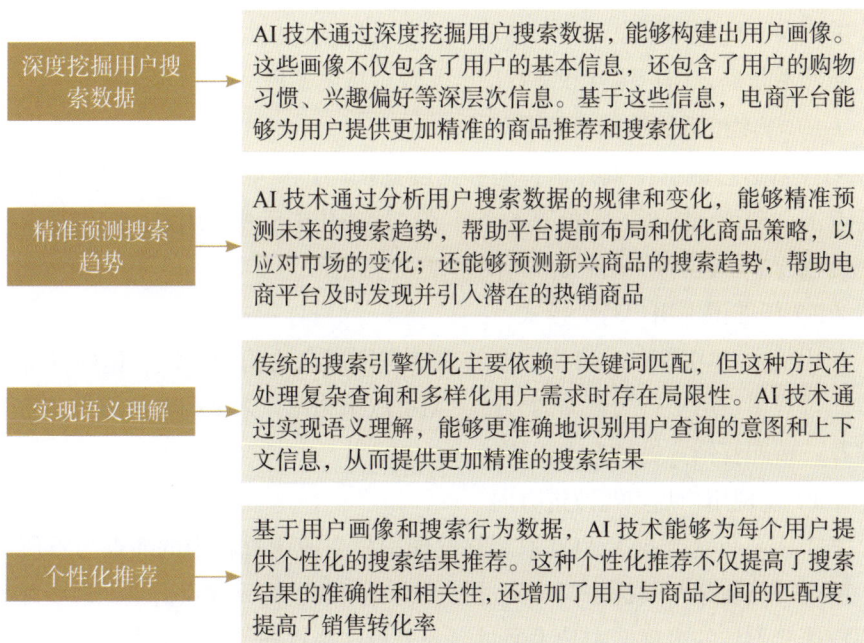

深度挖掘用户搜索数据	AI技术通过深度挖掘用户搜索数据，能够构建出用户画像。这些画像不仅包含了用户的基本信息，还包含了用户的购物习惯、兴趣偏好等深层次信息。基于这些信息，电商平台能够为用户提供更加精准的商品推荐和搜索优化
精准预测搜索趋势	AI技术通过分析用户搜索数据的规律和变化，能够精准预测未来的搜索趋势，帮助平台提前布局和优化商品策略，以应对市场的变化；还能够预测新兴商品的搜索趋势，帮助电商平台及时发现并引入潜在的热销商品
实现语义理解	传统的搜索引擎优化主要依赖于关键词匹配，但这种方式在处理复杂查询和多样化用户需求时存在局限性。AI技术通过实现语义理解，能够更准确地识别用户查询的意图和上下文信息，从而提供更加精准的搜索结果
个性化推荐	基于用户画像和搜索行为数据，AI技术能够为每个用户提供个性化的搜索结果推荐。这种个性化推荐不仅提高了搜索结果的准确性和相关性，还增加了用户与商品之间的匹配度，提高了销售转化率

图 11-21 AI 技术在搜索引擎优化中的应用

综上所述，AI技术不仅提高了搜索结果的准确性和相关性，还提升了用户的购物体验和满意度。未来，随着AI技术的不断发展和应用深化，电商平台的搜索引擎优化将变得更加智能、高效和个性化。

11.3.3　用户行为分析与迭代

扫码看视频

用户行为分析与迭代是指利用AI技术对用户在电商平台上的行为进行深度挖掘与分析，进而指导网站设计、商品展示、交互体验等方面的持续优化。这一过程旨在通过数据洞察用户需求，提升用户体验，促进销售转化。

用户行为分析与迭代之所以重要，是因为它能够帮助电商平台精准把握用户的偏好与需求，从而提供更加个性化的服务。在AI技术的加持下，电商平台能够实时收集并分析用户行为数据，如点击、浏览、购买等，这些数据为平台提供了宝贵的用户洞察。通过深入分析这些数据，电商平台能够发现用户在使用过程中的痛点与不便，进而采取具有针对性的优化措施，提升用户体验，增强用户黏性。

AI技术在用户行为分析与迭代中的应用为电商平台提供了精准的用户洞察和优化建议。通过深度挖掘用户行为数据、精准识别用户行为模式、发现用户痛点与改进方向、优化网站设计与商品展示，以及持续迭代与评估效果等步骤，电商平台能够不断提升用户体验和满意度，实现可持续发展，具体内容如下。

（1）深度挖掘用户行为数据

AI技术通过数据挖掘技术，能够深度挖掘用户在电商平台上的行为数据，包括点击、浏览、购买、评价等各个环节。这些数据反映了用户的真实需求和偏好，是电商平台进行用户行为分析的基础。

（2）精准识别用户行为模式

利用机器学习算法，AI技术能够精准识别用户的购物习惯、偏好等行为模式。通过对用户历史行为数据的分析，AI可以预测用户未来的购物需求，为个性化推荐、精准营销等提供有力支持。

（3）发现用户痛点与改进方向

基于用户行为数据，AI技术能够发现用户在使用过程中的痛点与不便。例如，用户可能在某个页面停留时间过长，或者频繁进行无效点击等，这些都可能是用户体验不佳的表现。AI技术通过深入分析这些数据，能够为电商平台提供优化建议，指出改进方向。

（4）优化网站设计与商品展示

根据AI技术提供的优化建议，电商平台可以对网站设计、商品展示等方面进行持续改进。例如，优化页面布局、提升搜索算法的准确性、调整商品推荐策略等，以提升用户体验和满意度。这些优化措施能够使用户更加便捷地找到所需商品，提高购物效率。

（5）持续迭代与评估效果

AI技术在用户行为分析与迭代中的应用是一个持续的过程。电商平台需要不断收集用户行为数据，利用AI技术进行深度分析和优化建议的提出。同时，电商平台还需要对优化措施的效果进行持续评估，以确保其有效性和可持续性。这一过程有助于电商平台不断提升用户体验，增强用户黏性，促进销售转化。

第 12 章　AI 电商后端效率的 12 个运营技巧

后端效率运营直接关系到企业的成本控制、订单处理、物流效率和交易安全，是提升用户体验、提高企业竞争力的关键。而AI可以通过智能预测、自动化处理、数据分析与决策支持等手段，帮助企业构建更加高效、智能的运营体系，实现降本增效与可持续发展。

12.1 智能管理库存与供应链的 3 个技巧

在电商运营中，管理库存与供应链是运营的核心，直接关系到企业的运营效率、成本控制和市场竞争力。而随着人工智能技术的飞速发展，智能管理库存与供应链已成为电商企业提升业务效能、优化资源配置的重要手段。AI技术以其强大的数据处理能力和模式识别能力，为库存管理和供应链优化带来了前所未有的变革。本节主要介绍智能管理库存与供应链的3个技巧。

12.1.1 需求预测与库存优化

扫码看视频

需求预测与库存优化是电商运营的关键环节。需求预测是指通过收集和分析历史数据，对未来一段时间内用户的需求进行预测。而库存优化则是基于需求预测的结果，对库存水平进行科学调整，以实现库存成本的最小化和客户满意度的最大化。

需求预测与库存优化直接关系到电商企业的运营效率和市场竞争力。准确的需求预测能够帮助企业提前准备资源，优化库存管理，避免库存过剩或短缺带来的资金占用和成本浪费。同时，科学的库存优化策略能够确保商品供应充足，提升客户满意度和销售额。

而在电商运营中，AI技术能够通过对大数据的挖掘和分析，实现更为精准的需求预测和库存优化，从而提升企业的运营效率和市场竞争力。下面介绍AI技术在需求预测和库存优化中的应用。

（1）AI技术在需求预测中的应用

随着电商行业的快速发展，数据量呈爆炸式增长，传统的需求预测方法已难以应对这种变化。而AI技术的引入，特别是机器学习和深度学习模型的应用，为需求预测带来了革命性的变革。AI能够高效地处理和分析这些海量数据，从中挖掘出潜在的市场趋势和消费者行为模式，为电商企业提供了前所未有的预测精度和灵活性。图12-1所示为AI技术在需求预测中的应用。

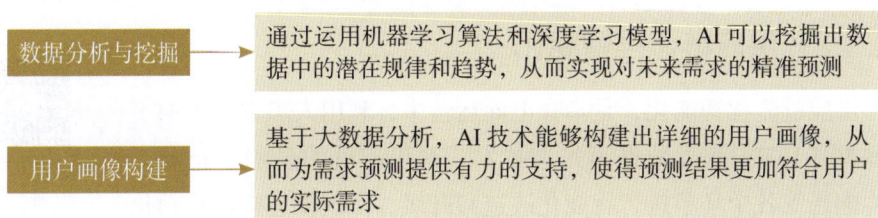

数据分析与挖掘	通过运用机器学习算法和深度学习模型，AI 可以挖掘出数据中的潜在规律和趋势，从而实现对未来需求的精准预测
用户画像构建	基于大数据分析，AI 技术能够构建出详细的用户画像，从而为需求预测提供有力的支持，使得预测结果更加符合用户的实际需求

图 12-1

季节性、周期性预测	→	电商平台的销售数据往往呈现出明显的季节性和周期性特征。AI技术能够通过对历史数据的分析，识别出这些特征，并据此预测未来一段时间内的销售趋势。这有助于企业提前制订采购计划，优化库存管理
预测结果应用	→	AI技术生成的需求预测结果可以应用于电商平台的多个环节，如商品推荐、广告投放、库存管理等。通过精准的需求预测，电商平台能够提前调整商品结构，优化营销策略，提升用户满意度和销售额

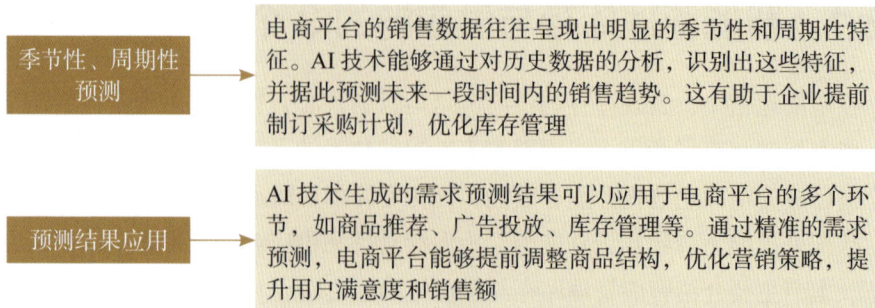

图 12-1　AI 技术在需求预测中的应用

（2）AI技术在库存优化中的应用

在需求预测的基础上，库存优化成为电商企业提升运营效率和市场竞争力的又一关键。AI技术不仅能够帮助企业精准预测未来的需求，还能够实时监测库存情况，根据销售趋势和供应链状况智能调整库存水平，实现库存成本的最小化和客户满意度的最大化。图12-2所示为AI技术在库存优化中的应用。

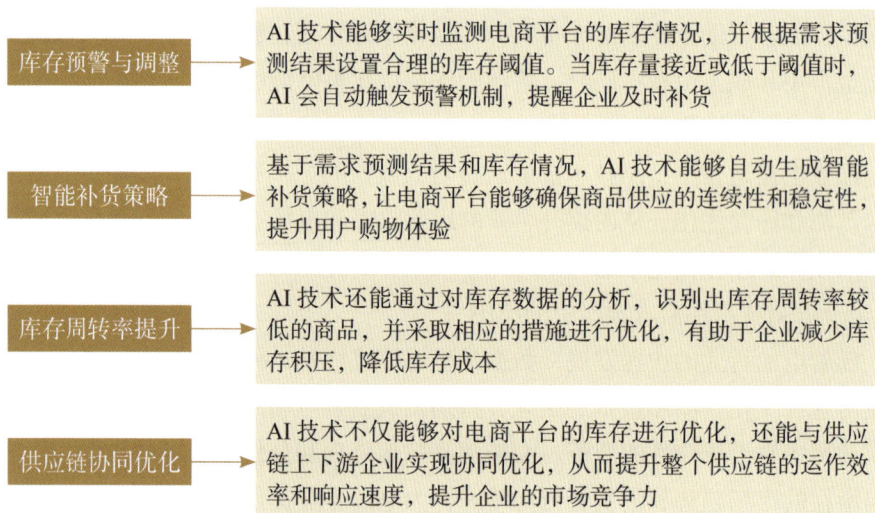

库存预警与调整	→	AI技术能够实时监测电商平台的库存情况，并根据需求预测结果设置合理的库存阈值。当库存量接近或低于阈值时，AI会自动触发预警机制，提醒企业及时补货
智能补货策略	→	基于需求预测结果和库存情况，AI技术能够自动生成智能补货策略，让电商平台能够确保商品供应的连续性和稳定性，提升用户购物体验
库存周转率提升	→	AI技术还能通过对库存数据的分析，识别出库存周转率较低的商品，并采取相应的措施进行优化，有助于企业减少库存积压，降低库存成本
供应链协同优化	→	AI技术不仅能够对电商平台的库存进行优化，还能与供应链上下游企业实现协同优化，从而提升整个供应链的运作效率和响应速度，提升企业的市场竞争力

图 12-2　AI 技术在库存优化中的应用

12.1.2　供应链流程智能化

供应链流程智能化，是指在电商运营中，利用人工智能（AI）、物联网（IoT）和大数据等先进技术，对供应链的采购、仓储、物流、配送等各个环节进行智能化改造和升级，实现供应链的自动化、透明化和高效化。这一过程的核心在于通过应用AI技术，提升供应链的响应速

扫码看视频

度、降低运营成本，并增强供应链的灵活性和韧性。

在电商领域，供应链的高效运作直接关系到企业的竞争力和客户满意度。传统的供应链管理模式往往存在信息不对称、响应速度慢、运营成本高等问题。而供应链流程智能化则能够解决这些问题。

AI技术可以实现供应链的实时监控、智能调度和精准预测，从而提升供应链的运作效率和准确性。此外，供应链流程智能化还能够更好地应对市场变化和消费者需求的变化，提高企业的市场适应能力和竞争力。图12-3所示为使用AI实现供应链流程智能化的方法。

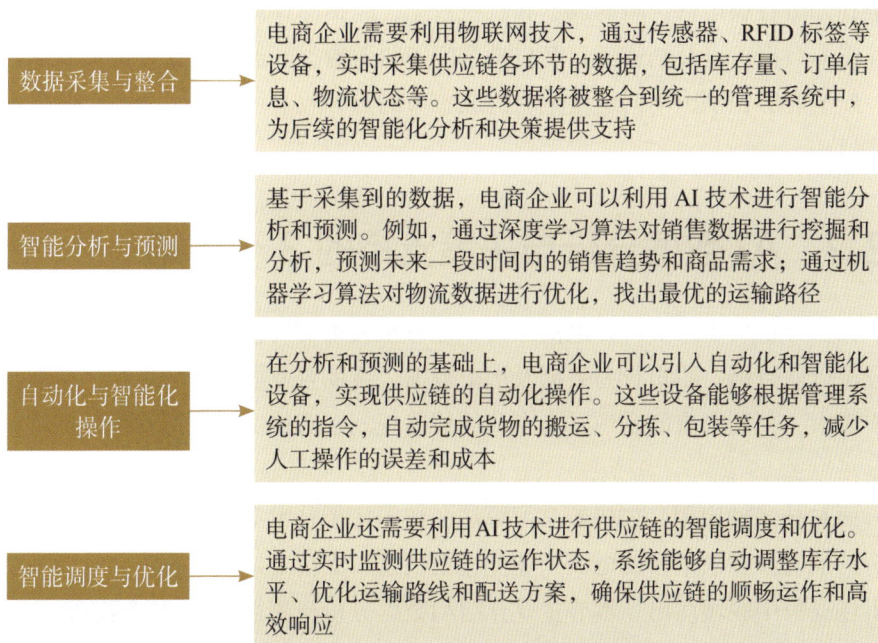

数据采集与整合	电商企业需要利用物联网技术，通过传感器、RFID 标签等设备，实时采集供应链各环节的数据，包括库存量、订单信息、物流状态等。这些数据将被整合到统一的管理系统中，为后续的智能化分析和决策提供支持
智能分析与预测	基于采集到的数据，电商企业可以利用 AI 技术进行智能分析和预测。例如，通过深度学习算法对销售数据进行挖掘和分析，预测未来一段时间内的销售趋势和商品需求；通过机器学习算法对物流数据进行优化，找出最优的运输路径
自动化与智能化操作	在分析和预测的基础上，电商企业可以引入自动化和智能化设备，实现供应链的自动化操作。这些设备能够根据管理系统的指令，自动完成货物的搬运、分拣、包装等任务，减少人工操作的误差和成本
智能调度与优化	电商企业还需要利用 AI 技术进行供应链的智能调度和优化。通过实时监测供应链的运作状态，系统能够自动调整库存水平、优化运输路线和配送方案，确保供应链的顺畅运作和高效响应

图 12-3　使用 AI 实现供应链流程智能化的方法

★ 专家提醒 ★

RFID的英文全称是Radio Frequency Identification，意为射频识别，俗称电子标签、无线射频识别、感应式电子晶片、电子条码等。

12.1.3　成本效益分析

成本效益分析是指通过对不同运营策略的成本和收益进行量化比较，以确定最优运营策略的过程。这一过程涉及多个方面，包括库存成本、运输成本、人工成本等成本因素，以及销售额、客户满意度等

扫码看视频

收益因素。

在激烈的市场竞争中，企业需要不断优化运营策略，降低成本，提升收益，以保持竞争力。而通过深入分析各项运营策略的成本和收益，企业能够识别出成本节约点和收益增长点，从而制定更为科学的运营策略，提升整体经济效益。

在电商运营中，进行成本效益分析需要借助先进的技术手段，特别是人工智能的应用。AI技术能够通过大数据分析、机器学习等方法，对海量数据进行快速处理和准确预测，为成本效益分析提供有力支持。

具体来说，电商企业可以建立基于AI的成本效益分析模型。该模型能够自动收集和分析各项运营策略的成本和收益数据，包括库存成本、运输成本、人工成本等成本数据，以及销售额、客户满意度等收益数据。通过对这些数据的深入分析，模型能够识别出不同运营策略的成本节约点和收益增长点，并为企业提供优化建议。

12.2　AI 数据分析与决策支持的 3 个技巧

数据分析与决策支持在电商运营中起着至关重要的作用，它们通过深入挖掘和分析行业数据、用户行为数据及历史数据，帮助企业洞察市场趋势、精准定位用户需求、预测未来的表现，为企业的战略规划、营销决策及运营优化提供科学依据。

而AI技术的应用，如机器学习算法、数据挖掘技术等，则进一步提升了数据分析的准确性和效率，使电商企业能够更快速、更精准地做出决策，从而在激烈的市场竞争中脱颖而出。本节主要介绍AI数据分析与决策支持的3个技巧。

12.2.1　市场趋势洞察

市场趋势洞察是指通过对行业数据、消费者行为、市场竞争格局等多维度信息的深入分析，识别出市场未来的走向和潜在机遇。在AI电商运营中，市场趋势洞察借助先进的人工智能技术，实现了对市场数据的快速处理、深度挖掘和智能分析，从而为企业提供更加准确、全面的市场洞察。图12-4所示为进行市场趋势洞察的作用。

扫码看视频

指导战略规划 → 通过洞察市场趋势，企业能够了解行业的整体发展态势和潜在机遇，从而制定出符合市场需求的战略规划，确保企业在激烈的市场竞争中保持领先地位

优化资源配置	→	市场趋势洞察有助于企业识别出最具潜力的市场和产品，从而合理地分配资源，提高资源利用效率，降低运营成本
提升市场竞争力	→	通过精准把握市场趋势，企业能够及时调整产品策略、营销策略和客户服务策略，以满足市场需求，提升客户满意度和忠诚度，进而提升市场竞争力

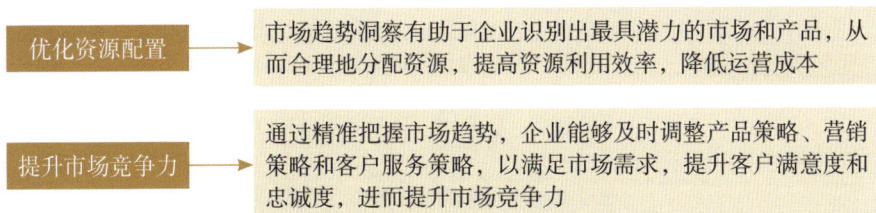

图12-4 进行市场趋势洞察的作用

AI技术能够自动收集并整合来自多个渠道的市场数据，包括社交媒体、搜索引擎、竞争对手网站等，为企业提供全面、准确的市场信息。而利用数据挖掘技术，AI可以对收集到的市场数据进行深度挖掘，发现数据之间隐藏的关系和规律。

另外，基于历史数据和当前的市场情况，AI可以运用机器学习算法构建预测模型，对市场趋势进行精准预测。同时，AI还能够实时监测市场动态，一旦发现异常或潜在的风险，立即向企业发出预警，帮助企业及时调整策略。

例如，某电商平台利用AI技术对市场趋势进行了深入洞察。首先，AI自动收集了来自社交媒体、搜索引擎及竞争对手网站的大量数据，并进行了整合和分析。而通过数据挖掘技术，AI发现了消费者对某一类产品的关注度正在逐渐上升，预示着该类产品可能成为未来的市场热点。

基于这一发现，该平台及时调整了产品规划，加大了对该类产品的投入和推广力度。同时，AI还对该类产品的市场趋势进行了精准预测，为平台营销策略的制定提供了有力支持。最终，该平台成功抓住了市场机遇，实现了销售额的大幅增长。

12.2.2 用户行为分析

用户行为分析是指通过对用户在网络平台上的各种行为数据进行收集、整理和分析，揭示用户的行为特征、偏好及需求，从而为企业提供有价值的洞察。这些行为数据包括但不限于用户的浏览记录、点击行为、购买历史、搜索关键词、页面停留时间等。下面介绍进行用户行为分析的必要性和方法。

扫码看视频

（1）进行用户行为分析的必要性

用户行为分析不仅是洞察市场动态的窗口，更是驱动企业决策优化的核心引擎。这一过程的必要性体现在多个维度上，既关乎企业竞争力的提升，又涉及用户体验的优化，还触及运营效率的跃升，具体如图12-5所示。

提升市场竞争力 → 用户行为分析有助于企业精准捕捉市场动态和用户偏好，从而调整产品结构和营销策略，以差异化的产品和服务赢得市场。同时，用户行为分析还能帮助企业识别并优化用户体验中的痛点，提升用户满意度和忠诚度，并提高市场竞争力

优化用户体验 → 通过分析用户的浏览、搜索、购买等行为数据，企业可以构建用户画像，实现千人千面的个性化推荐，提高用户的购买转化率和满意度。此外，用户行为分析还能帮助企业及时发现并解决用户体验中的问题，从而持续优化用户体验

提升运营效率 → 通过用户行为分析，企业可以更加精准地预测市场需求和库存需求，实现库存的精细化管理。同时，通过对用户行为数据的实时监测和分析，企业可以及时发现运营中的问题和风险，从而迅速调整运营策略，提升运营效率

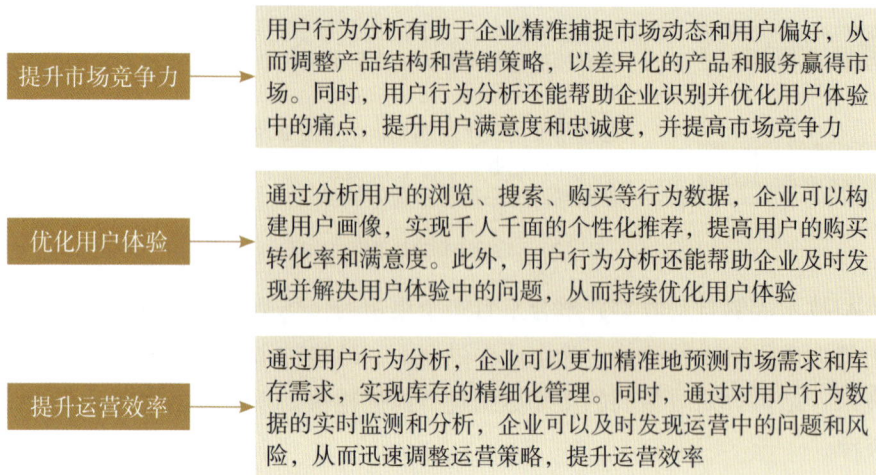

图 12-5　进行用户行为分析的必要性

（2）进行用户行为分析的方法

AI技术的引入为用户行为分析带来了革命性的变化。AI不仅能够高效地处理和分析海量用户数据，还能够从中挖掘出深层次的用户行为特征和偏好，为企业精准营销、产品优化和用户体验的提升提供有力支持。下面介绍进行用户行为分析的方法。

① 数据收集与预处理。

通过监控网站服务器记录的访问日志、嵌入跟踪代码及整合多渠道数据，AI能够全面收集用户在网络平台上的各种行为数据。这些数据经过清洗、去重、格式化等预处理步骤后，为后续的分析工作提供了坚实的基础。

② 行为模式识别与分析。

在数据预处理的基础上，AI技术利用聚类分析、关联规则挖掘和时间序列分析等方法，深入识别和分析用户的行为模式。

其中，聚类分析会将具有相似行为特征的用户划分为同一组别，有助于企业识别不同的用户群体；关联规则挖掘则揭示了用户行为之间的关联性，如哪些商品常被一起购买等；时间序列分析则揭示了用户行为的周期性、季节性规律，为企业制定季节性促销策略提供了科学依据。

③ 个性化推荐与预测。

通过协同过滤、深度学习推荐及意图预测等方法，AI能够根据用户的历史行为数据，生成个性化的推荐内容或产品。这些推荐内容不仅符合用户的兴趣偏好，还能够提升用户的购物体验和满意度。同时，AI技术还能够预测用户未来的

行为趋势，如可能购买的商品、可能访问的页面等，为企业制定营销策略提供前瞻性指导。

④ 实时监测与优化。

通过实时监测用户行为数据，AI能够及时发现潜在的问题和机会，如用户流失率上升、转化率下降等。基于这些监测结果，企业可以及时调整营销策略、优化产品设计或提升用户体验。同时，AI技术还能够进行A/B测试，对不同的策略或设计进行比较和优化，以找出最佳的解决方案。

★ 专家提醒 ★

A/B测试是一种实验方法，它通过将随机分配的用户分为两个或更多组，并向这些组展示不同版本的某个变量，然后收集和分析每个组的行为和反馈数据，以确定哪个版本对所测试的目标最有效。

12.2.3　数据驱动的运营决策

数据驱动的运营决策是指基于历史数据和实时数据，运用先进的算法和模型，对运营策略、产品优化、营销推广等方面进行科学预测和决策的过程。随着电商行业的快速发展，市场竞争日益激烈，企业需要更加精准地把握市场动态和用户需求，以便制定有效的运营策略。图12-6所示为AI在数据驱动的运营决策中的应用。

扫码看视频

智能预测与决策	AI通过机器学习算法，能够基于历史数据对市场趋势、用户需求等进行精准预测。例如，AI可以分析历史销售数据，预测未来一段时间内的销售趋势，从而帮助企业制定更加合理的库存管理策略。这种智能预测与决策的能力，使得企业能够提前洞察市场机遇，做出更加明智的决策
自动化决策	AI可以实现自动化决策，减少人工干预，提高决策的效率和准确性。在电商运营中，这体现在多个方面，如智能定价、智能客服和智能广告投放等。而这些自动化决策措施有助于企业降低成本，提高效率，提高市场竞争力
智能协作与决策优化	AI可以通过智能协作工具，帮助企业团队成员更好地沟通和协作，提高决策效率；还可以不断学习和优化决策模型，提高决策的准确性和科学性。例如，企业可以利用AI进行市场调研和竞品分析，了解市场动态和竞争对手的策略

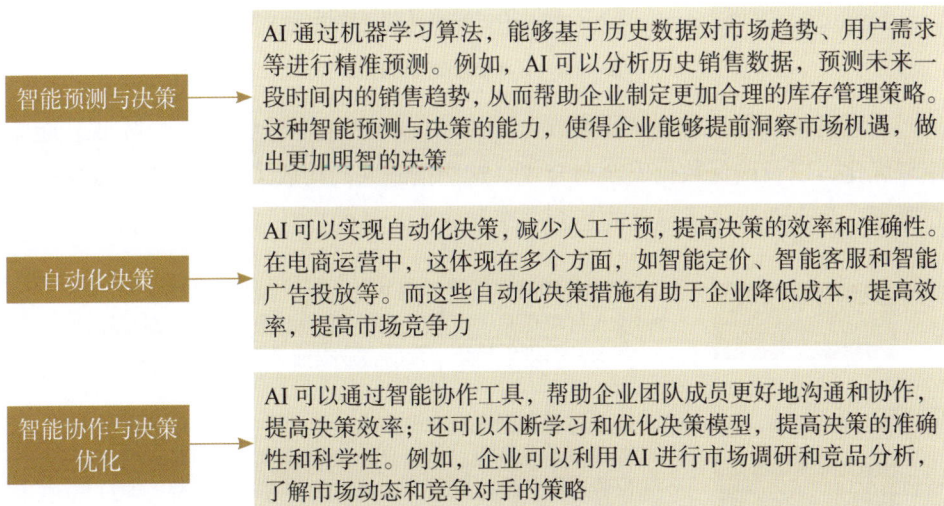

图 12-6　AI 在数据驱动的运营决策中的应用

12.3　引入自动化工作流程的 3 个技巧

自动化工作流程通过集成技术实现订单处理、物流安排、人力资源管理等关键环节的高效运作，显著提升内部运营效率。而AI通过智能算法优化路径规划、精准评估员工能力、实时分析销售数据等，为电商运营带来了前所未有的智能化水平和竞争力提升。本节主要介绍引入自动化工作流程的3个技巧。

12.3.1　实现订单处理自动化

订单处理自动化是指利用先进的人工智能技术和自动化工具，实现从订单接收、处理到发货的全链条自动化操作，涵盖了订单信息的录入、状态更新、库存校验、支付确认、物流安排等多个环节。图12-7所示为订单处理自动化的优点。

扫码看视频

提高运营效率	传统的人工订单处理方式耗时费力，且容易出错。自动化系统的引入能够显著缩短订单处理时间，减少人为错误，提高运营效率
降低成本	自动化流程能够减少对人力的依赖，降低企业的人力成本。同时，通过优化订单处理流程，还能减少库存积压和缺货现象，降低库存成本
提升用户体验	快速的订单处理和准确的物流安排能够提升用户的购物体验，提升用户满意度和忠诚度

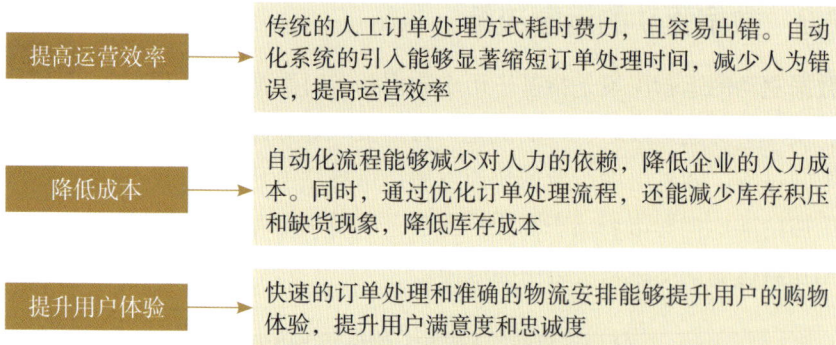

图 12-7　订单处理自动化的优点

实现订单处理自动化需要集成先进的AI技术、构建自动化流程、实现智能监控与优化，以及确保数据安全与合规。这些措施共同构成了订单处理自动化的核心要素，为企业带来了显著的运营效率和成本效益的提升，具体如图12-8所示。

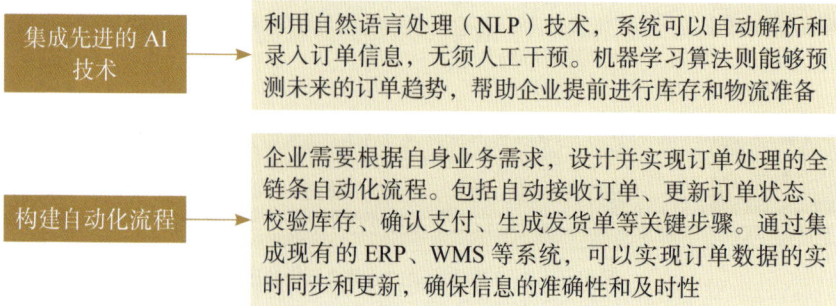

集成先进的 AI 技术	利用自然语言处理（NLP）技术，系统可以自动解析和录入订单信息，无须人工干预。机器学习算法则能够预测未来的订单趋势，帮助企业提前进行库存和物流准备
构建自动化流程	企业需要根据自身业务需求，设计并实现订单处理的全链条自动化流程。包括自动接收订单、更新订单状态、校验库存、确认支付、生成发货单等关键步骤。通过集成现有的 ERP、WMS 等系统，可以实现订单数据的实时同步和更新，确保信息的准确性和及时性

| 实现智能监控与优化 | 引入智能监控系统，可以实时跟踪订单处理流程中的各个环节，确保流程顺畅无阻。同时，利用AI算法对订单数据进行深度分析，可以发现潜在的优化点，如优化库存管理、调整物流策略等，从而进一步提升订单处理效率 |
| 确保数据安全与合规 | 在自动化订单处理过程中，企业需要严格遵守数据安全与合规要求。通过采用先进的加密技术和数据权限管理，可以确保订单数据的安全性和隐私性。同时，企业还需要建立完善的合规体系，确保自动化流程符合相关法律法规的要求 |

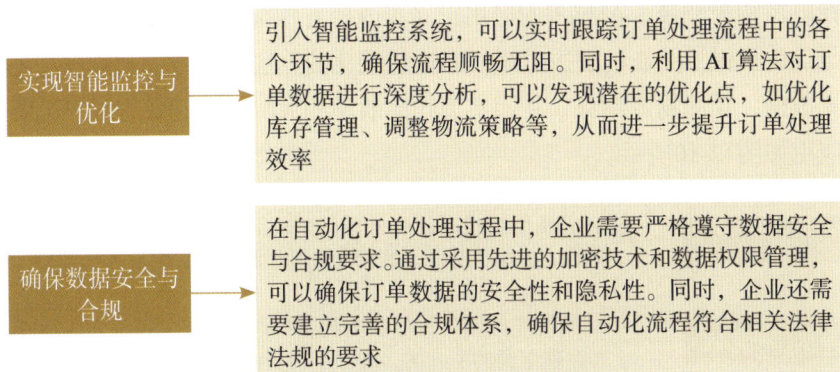

图12-8　实现订单处理自动化的措施

★ 专家提醒 ★

ERP（Enterprise Resource Planning）意为企业资源计划，是一种建立在信息技术的基础上，以系统化的管理思想，为企业决策层提供决策运行手段的管理平台。WMS（Warehouse Management System）意为仓库管理系统，是一种专门用于仓库作业流程优化和库存控制的软件系统。

12.3.2　物流安排与优化

物流安排与优化是指借助人工智能技术，对电商物流的各个环节进行智能化管理和优化，包括但不限于订单分配、配送路线规划、车辆调度、库存管理及客户服务等方面。通过AI技术的应用，电商企业能够实现物流运作的高效化、精准化和智能化，从而提升客户体验，降低运营成本，具体如图12-9所示。

扫码看视频

提升效率	AI技术能够自动分析物流数据，快速规划出最优配送路线和车辆调度方案，显著提升物流运作效率
优化客户体验	AI技术能够实时监控物流状态，及时通知客户订单进度，从而提高客户满意度
降低成本	通过精准预测和智能调度，AI技术可以减少无效行驶和等待时间，降低燃油和人力成本
提高竞争力	物流速度和准确性是衡量电商企业竞争力的重要指标之一，而AI技术的应用有助于企业在激烈的市场竞争中脱颖而出

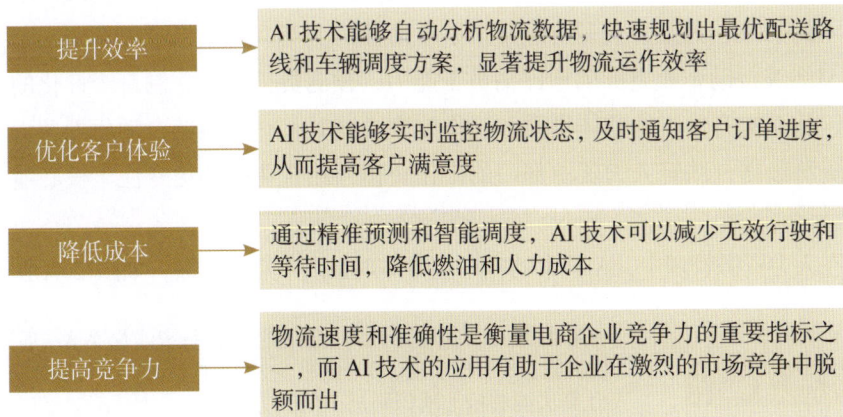

图12-9　AI技术在物流安排与优化中的优点

在电商物流领域，AI技术的应用正逐步改变着传统的物流管理方式，为物流安排与优化提供了全新的解决方案。通过智能化的算法和模型，AI能够精准地分析物流数据，预测物流趋势，从而实现物流效率的大幅提升和成本的显著降低，具体应用如图12-10所示。

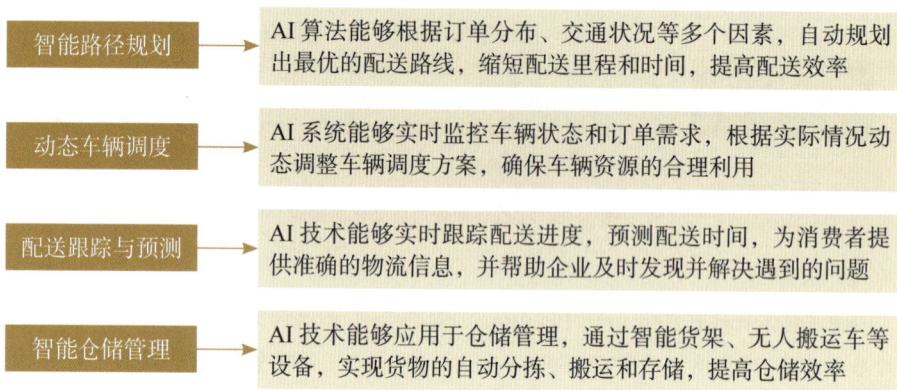

智能路径规划	AI算法能够根据订单分布、交通状况等多个因素，自动规划出最优的配送路线，缩短配送里程和时间，提高配送效率
动态车辆调度	AI系统能够实时监控车辆状态和订单需求，根据实际情况动态调整车辆调度方案，确保车辆资源的合理利用
配送跟踪与预测	AI技术能够实时跟踪配送进度，预测配送时间，为消费者提供准确的物流信息，并帮助企业及时发现并解决遇到的问题
智能仓储管理	AI技术能够应用于仓储管理，通过智能货架、无人搬运车等设备，实现货物的自动分拣、搬运和存储，提高仓储效率

图 12-10　AI 技术在物流安排与优化中的具体应用

12.3.3　人力资源管理

人力资源管理是指借助人工智能技术，对电商企业的员工进行能力评估、绩效分析、培训发展及职业规划等一系列活动的总称。它旨在通过智能化的手段，优化人力资源配置，提升员工工作效率和满意度，进而推动企业的持续发展。

扫码看视频

随着电商行业的蓬勃发展，企业面临的市场竞争日益激烈，对人才的需求和要求也不断提高。传统的人力资源管理方式已难以满足企业快速变化的需求。而AI技术的引入，为人力资源管理带来了革命性的变革。

AI能够帮助企业更准确地评估员工能力，预测员工绩效，制订个性化的培训计划，从而提升员工的整体素质和工作效率。同时，它还能够自动化处理大量的人力资源数据，减轻人力资源部门的工作负担，让企业能够更专注于核心业务的发展。

在人力资源管理中，AI技术的应用主要体现在以下几个方面，如图12-11所示。

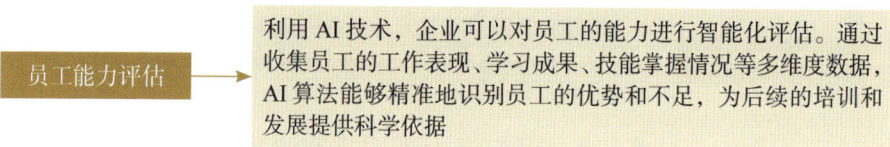

员工能力评估	利用 AI 技术，企业可以对员工的能力进行智能化评估。通过收集员工的工作表现、学习成果、技能掌握情况等多维度数据，AI算法能够精准地识别员工的优势和不足，为后续的培训和发展提供科学依据

绩效分析	→	AI 技术能够对企业的绩效数据进行深度挖掘和分析，它可以根据历史绩效数据，预测员工未来的绩效表现，为企业的薪酬调整、晋升机会等决策提供依据。同时，AI 还能够发现绩效数据中的异常点，帮助企业发现并解决潜在的问题
个性化培训	→	基于员工的能力评估和绩效分析结果，AI 可以为员工推荐个性化的培训课程和学习资源，帮助员工快速提升自己的能力和技能。此外，AI 还可以根据员工的学习进度和反馈，自动调整培训计划，确保培训效果的最大化
职业规划与激励	→	通过分析员工的职业发展路径和兴趣偏好，AI 可以为员工制订个性化的职业规划方案，帮助员工实现自己的职业目标。同时，AI 还可以根据员工的绩效表现和需求，自动调整薪酬结构和激励措施，激发员工的工作积极性和创造力

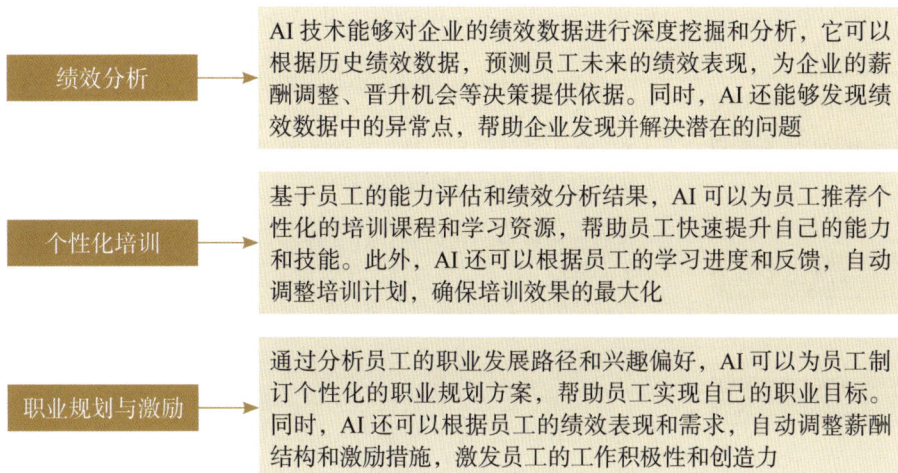

图 12-11 AI 技术在人力资源管理中的应用

12.4 检测风险与欺诈的 3 个技巧

风险与欺诈检测能够通过监控和分析用户行为及交易数据，及时发现并预防潜在的欺诈行为，从而保障交易的安全性和市场的公平性。而AI技术的应用，如异常检测算法和机器学习模型，更是极大地提升了风险与欺诈检测的准确性和效率，为电商平台的稳健运营提供了强有力的技术支持。本节将介绍检测风险与欺诈的3个技巧。

12.4.1 交易风险识别

交易风险识别是指利用人工智能技术，对用户行为和交易数据进行深度分析，以实时监测和识别潜在的风险交易。这一技术通过构建复杂的数据模型和算法，能够自动识别出异常交易模式，为电商平台提供及时的风险预警。

扫码看视频

随着电商行业的蓬勃发展，交易量和交易复杂度不断增加，传统的人工风险识别方式已难以满足高效、精准的需求。而AI技术的应用，则能够大幅提升风险识别的效率和准确性。

通过机器学习算法，AI能够自动学习并适应不断变化的交易模式，从而实现对风险的实时、智能识别。这不仅有助于电商平台及时发现并处理潜在的风险交易，还能有效防止欺诈行为的发生，保护用户利益，维护市场秩序。

在AI电商运营中，识别交易风险主要依赖以下几个步骤，如图12-12所示。

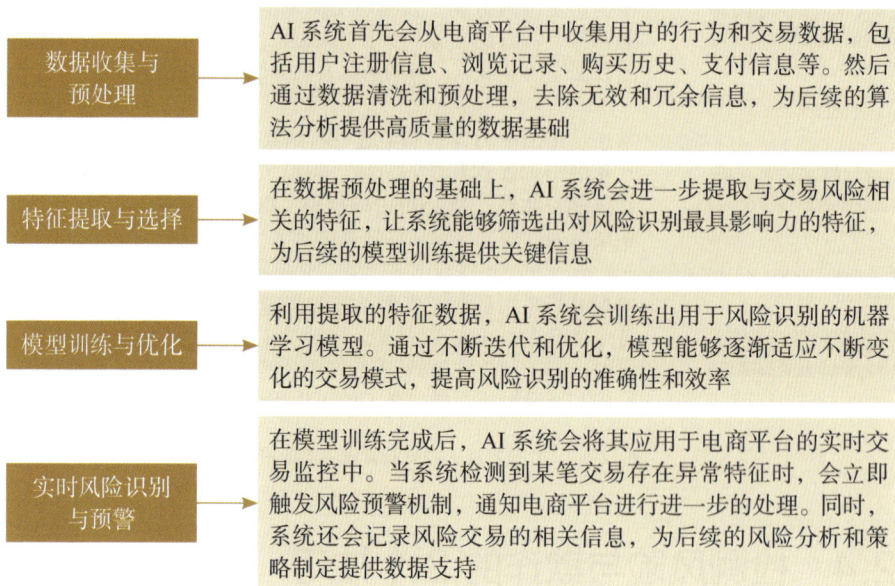

数据收集与预处理	AI系统首先会从电商平台中收集用户的行为和交易数据，包括用户注册信息、浏览记录、购买历史、支付信息等。然后通过数据清洗和预处理，去除无效和冗余信息，为后续的算法分析提供高质量的数据基础
特征提取与选择	在数据预处理的基础上，AI系统会进一步提取与交易风险相关的特征，让系统能够筛选出对风险识别最具影响力的特征，为后续的模型训练提供关键信息
模型训练与优化	利用提取的特征数据，AI系统会训练出用于风险识别的机器学习模型。通过不断迭代和优化，模型能够逐渐适应不断变化的交易模式，提高风险识别的准确性和效率
实时风险识别与预警	在模型训练完成后，AI系统会将其应用于电商平台的实时交易监控中。当系统检测到某笔交易存在异常特征时，会立即触发风险预警机制，通知电商平台进行进一步的处理。同时，系统还会记录风险交易的相关信息，为后续的风险分析和策略制定提供数据支持

图 12-12　实现交易风险识别的步骤

12.4.2　欺诈行为分析

欺诈行为分析是指利用人工智能技术，对电商平台上的交易数据进行深度挖掘和分析，以识别出潜在的欺诈模式和行为。这一过程主要依赖机器学习算法，通过对历史欺诈案例的学习，系统能够自动建立起欺诈行为特征库，进而实现对新交易数据的实时监测和预警。

扫码看视频

欺诈行为分析在AI电商运营中至关重要，原因如图12-13所示。

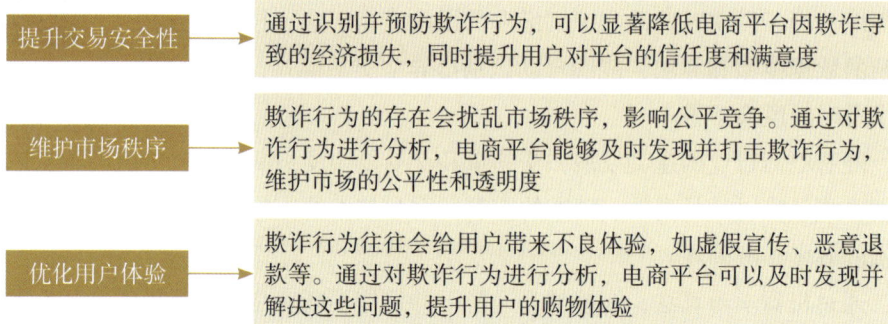

提升交易安全性	通过识别并预防欺诈行为，可以显著降低电商平台因欺诈导致的经济损失，同时提升用户对平台的信任度和满意度
维护市场秩序	欺诈行为的存在会扰乱市场秩序，影响公平竞争。通过对欺诈行为进行分析，电商平台能够及时发现并打击欺诈行为，维护市场的公平性和透明度
优化用户体验	欺诈行为往往会给用户带来不良体验，如虚假宣传、恶意退款等。通过对欺诈行为进行分析，电商平台可以及时发现并解决这些问题，提升用户的购物体验

图 12-13　在 AI 电商运营中进行欺诈行为分析的必要性

　　AI技术通过大数据处理、自动化分析和智能决策支持等能力，对电商平台上的交易数据进行深度挖掘和分析，以识别潜在的欺诈行为，帮助电商平台更快速、更准确地发现和处理这些欺诈行为，从而保护平台的声誉和用户的利益。下面介绍AI技术在欺诈行为分析中的具体应用和相关场景。

　　（1）AI技术在欺诈行为分析中的具体应用

　　在电商运营中，AI技术在欺诈行为分析中的应用已经成为提升平台安全性、维护市场秩序和保障消费者权益的重要手段，具体如图12-14所示。

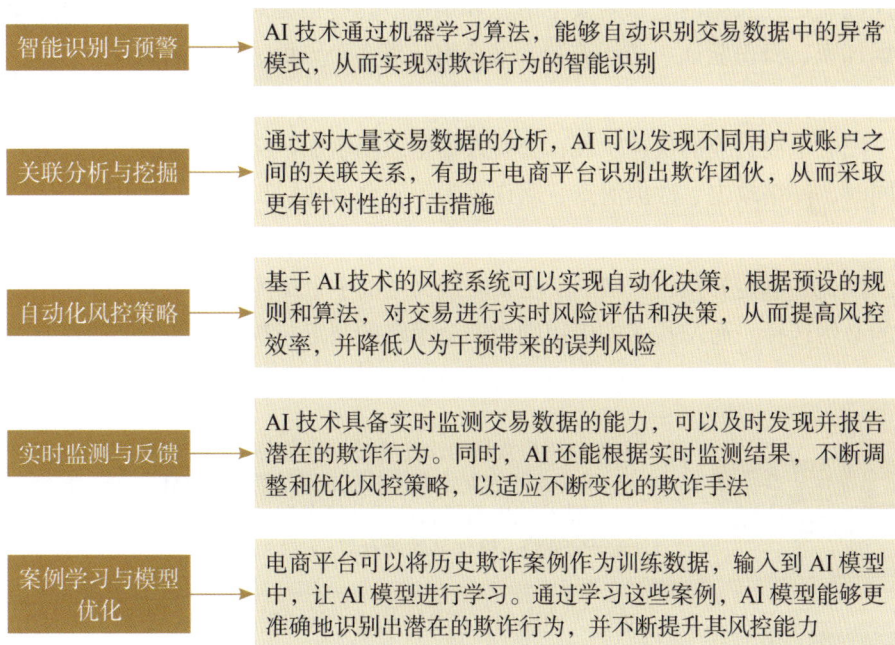

智能识别与预警	AI技术通过机器学习算法，能够自动识别交易数据中的异常模式，从而实现对欺诈行为的智能识别
关联分析与挖掘	通过对大量交易数据的分析，AI可以发现不同用户或账户之间的关联关系，有助于电商平台识别出欺诈团伙，从而采取更有针对性的打击措施
自动化风控策略	基于AI技术的风控系统可以实现自动化决策，根据预设的规则和算法，对交易进行实时风险评估和决策，从而提高风控效率，并降低人为干预带来的误判风险
实时监测与反馈	AI技术具备实时监测交易数据的能力，可以及时发现并报告潜在的欺诈行为。同时，AI还能根据实时监测结果，不断调整和优化风控策略，以适应不断变化的欺诈手法
案例学习与模型优化	电商平台可以将历史欺诈案例作为训练数据，输入到AI模型中，让AI模型进行学习。通过学习这些案例，AI模型能够更准确地识别出潜在的欺诈行为，并不断提升其风控能力

图 12-14　AI 技术在欺诈行为分析中的具体应用

　　（2）AI技术在欺诈行为分析中的应用场景

　　AI技术为电商平台提供了全方位的风控支持，有效保障了交易安全并提升了用户体验，具体应用场景如下。

　　① 信用支付产品欺诈识别。

　　针对电商平台上的信用支付产品，AI技术可以分析用户的还款历史、消费习惯及信用评分等信息，识别出潜在的恶意套现、虚假交易等欺诈行为。

　　② 虚假交易检测。

　　AI技术可以通过分析交易双方的账户信息、交易金额、交易时间等，识别出虚假交易行为，如刷单、炒信等。

③ 身份冒用识别。

在电商平台上，不法分子可能会冒用他人身份进行欺诈活动。AI技术可以通过分析用户的身份信息、交易记录及行为模式等，识别出身份冒用行为，并采取相应的风控措施。

12.4.3 安全策略与执行

安全策略与执行是指电商平台为保障交易安全、防范风险与欺诈行为而制定并实施的一系列安全措施和策略。这些措施和策略涵盖了数据加密、身份验证、访问控制、安全审计等多个方面，旨在确保交易数据的机密性、完整性和可用性，同时满足相关法律法规的要求。

扫码看视频

随着电商行业的快速发展，交易数据量急剧增加，交易环境也日益复杂。与此同时，网络攻击、数据泄露、欺诈行为等安全威胁层出不穷，给电商平台的运营带来了巨大挑战。

因此，制定并执行严格的安全策略成为电商平台保障交易安全、维护用户信任的必然选择。而AI技术的应用则为安全策略的制定与执行提供了更加智能、高效的手段，能够显著提升电商平台的安全防护能力，具体应用如图12-15所示。

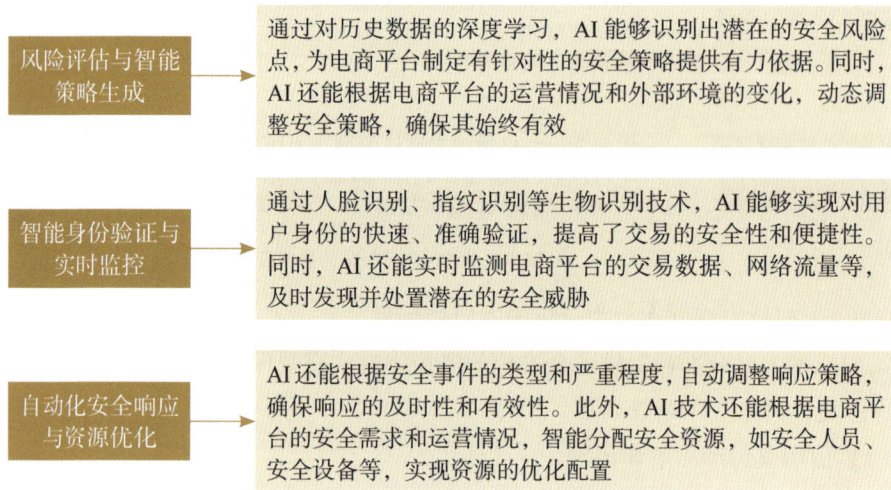

风险评估与智能策略生成	通过对历史数据的深度学习，AI能够识别出潜在的安全风险点，为电商平台制定有针对性的安全策略提供有力依据。同时，AI还能根据电商平台的运营情况和外部环境的变化，动态调整安全策略，确保其始终有效
智能身份验证与实时监控	通过人脸识别、指纹识别等生物识别技术，AI能够实现对用户身份的快速、准确验证，提高了交易的安全性和便捷性。同时，AI还能实时监测电商平台的交易数据、网络流量等，及时发现并处置潜在的安全威胁
自动化安全响应与资源优化	AI还能根据安全事件的类型和严重程度，自动调整响应策略，确保响应的及时性和有效性。此外，AI技术还能根据电商平台的安全需求和运营情况，智能分配安全资源，如安全人员、安全设备等，实现资源的优化配置

图 12-15　AI 技术在安全策略与执行中的具体应用